『中国有礼仪之大，故称夏；有服章之美，谓之华。』——《春秋左传正义》

LIUZHOU CHUANTONG FUSHI TULU

柳州传统服饰图录

柳州市民族宗教事务委员会 柳州市摄影家协会 编

广西教育出版社·南宁

目录

序一　柳州传统服饰的全景图 …… 1

序二　没有围墙的民族服饰博物馆——柳州 …… 9

前言 …… 17

第一章　壮族服饰 …… 1

◆ 柳南区洛满镇壮族服饰 …… 7

◆ 鱼峰区里雍镇壮族服饰 …… 14

◆ 三江侗族自治县斗江镇壮族服饰 …… 19

◆ 融水苗族自治县大浪镇壮族服饰 …… 24

◆ 融水苗族自治县汪洞乡壮族服饰 …… 28

◆ 融水苗族自治县同练瑶族乡壮族服饰 …… 33

◆ 融水苗族自治县杆洞乡壮族服饰 …… 44

第二章　汉族服饰 …… 57

◆ 融安县潭头乡汉族服饰 …… 63

◆ 三江侗族自治县古宜镇汉族服饰 …… 66

◆ 柳城县社冲乡汉族服饰 …… 83

◆ 融水苗族自治县滚贝侗族乡汉族服饰 …… 86

◆ 柳江区拉堡镇汉族服饰 …… 96

第三章　苗族服饰 …… 101

◆ 元宝山一带苗族服饰 …… 107

◆ 贝江一带苗族服饰 …… 126

◆ 融江一带苗族服饰 …… 162
◎ 融江片区西线一带苗族服饰 …… 162
◎ 融江片区东线一带苗族服饰 …… 171
◆ 三江侗族自治县苗族服饰 …… 196
◆ 苗族服饰文化及传统技艺 …… 210
◎ 苗族服饰纹样 …… 210
◎ 苗族织锦和刺绣、印染 …… 219
◎ 苗族布料 …… 235
◎ 苗族银饰 …… 237

第四章　侗族服饰 …… 249
◆ 三江北部侗族服饰 …… 255
◎ 浔江流域侗族服饰 …… 255
◎ 苗江流域侗族服饰 …… 302
◆ 溶江流域侗族服饰 …… 316
◎ 富禄、梅林一带侗族服饰 …… 317
◎ 同乐、洋溪、良口、老堡一带侗族服饰 …… 350
◎ 良口、产口、南寨、和里一带侗族服饰 …… 382
◆ 三江西部侗族服饰 …… 396
◎ 石碑、车寨侗族服饰 …… 396
◎ 三江西部“六洞”型侗族服饰 …… 414
◎ 登晒、岑广侗族服饰 …… 428
◆ 融水西南部侗族服饰 …… 437

◎滚贝侗族乡侗族服饰 …… 437
◎同练瑶族乡侗族服饰 …… 444
◆ 侗族服饰文化及传统技艺 …… 456
◎侗族服饰制作过程 …… 457
◎侗族饰品 …… 460
◎侗族鞋子 …… 476
◎侗族银饰 …… 480

第五章　瑶族服饰 …… 485
◆ 融水苗族自治县瑶族服饰 …… 490
◎同练瑶族乡瑶族服饰 …… 490
◎融水苗族自治县北部瑶族服饰 …… 498
◎滚贝侗族乡瑶族服饰 …… 516
◎元宝山、白云山一带瑶族服饰 …… 536
◎香粉乡瑶族服饰 …… 560
◆ 三江侗族自治县瑶族服饰 …… 569
◎斗江镇瑶族服饰 …… 569
◎高基瑶族乡瑶族服饰 …… 578
◆ 鹿寨县瑶族服饰 …… 583
◆ 瑶族服饰纹样 …… 593

第六章　仫佬族服饰 …… 597
◆ 柳城县古砦仫佬族乡仫佬族服饰 …… 603

◆ 仫佬族博物馆藏仫佬族服饰 …… 606

第七章　水族服饰 …… 629

◆ 融水苗族自治县同练瑶族乡水族服饰 …… 634

◆ 融水苗族自治县滚贝侗族乡水族服饰 …… 646

第八章　京族服饰 …… 649

参考文献 …… 661

后记 …… 667

序一

柳州传统服饰的全景图

罗树杰

人们常说“衣食住行”，其中“衣”排在第一位，这说明“衣”在人类社会中有着至关重要的作用。“衣”深刻地影响着一个民族的生活和文化。因为人穿衣不仅仅是为了蔽寒防晒、遮体避羞、防虫防风雨，还具有装饰身体，显示身份、地位、性别、年龄、信仰等作用。传统服饰作为民族历史、文化的一个重要载体，也是社会秩序的一种反映。因此，传统服饰是民俗学、民族学、人类学、社会学、美学、科学技术史等学科研究的经典话题。近年来，中国服饰研究学术队伍日益扩大，服饰研究已经从以前的纵向研究为主，转向了更加具体的微观横向研究，研究的范围越来越广泛，研究的内容也越来越深入，成果不断涌现。广西作为多民族聚居且是全国少数民族人口最多的自治区，民族传统服饰的研究佳作迭出。如玉时阶、蒙力亚的《广西少数民族服饰文化》，玉时阶、玉璐的《广西世居民族服饰文化》，玉时阶的《濒临消失的广西少数民族服饰文化》和《瑶族服饰》，梁汉昌的《没有围墙的民族博物馆：广西隆林》，李元君主编的《美丽的锦绣·壮族服饰》，刘红晓、陈丽编著的《广西少数民族服饰》，陈丽琴的《壮族服饰文化研究》，容婷编著的《瑶族服饰制作工艺研究》，尹红的《广西融水苗族服饰的文化生态研究》等，这些著作成为中国传统服饰研究成果的重要组成部分。但是，在广西，以一个地级市为范围，全面系统介绍该地民族传统服饰的书籍，本书好像还是第一部。

柳州是广西的一道亮丽风景线。柳州又称龙城，位于广西中北部，总面积1.86万平方千米，辖10个县(区)，其中有2个自治县:三江侗族自治县和融水苗族自治县。据考，柳州居住着壮族、汉族、苗族、侗族、瑶族、仫佬族等49个民族。根据第七次全国人口普查结果，全市常住人口415.79万人，少数民族人口219.32万人，占全市总人口的52.75%，柳州是一个多民族聚居的城市。柳州是全国性综合交通枢纽、广西最大的工业城市、国家历史文化名城，各民族长期在这片热土上和睦相处，交往交流交融，团结奋斗，形成了壮歌、瑶舞、苗节、侗楼等民族传统文化“四绝”。柳州各民族的传统服饰同样绚丽多姿，这在广西各市中不多见，它们是广西民族文化多姿多彩的代表，是柳州各民族社会文化发展尤其是服饰发展的“活化石”。柳州各民族传统服饰各具特色，又互相借鉴、共同进步，正是广西各民族积极投身铸牢中华民族共同体意识的一个缩影。

柳州市民族宗教事务委员会和柳州市摄影家协会共同编制了这本书，在文献资料的基础上，经过深入细致的田野调查，获取丰富可靠的第一手资料，第一次全面系统地介绍了柳州市各民族传统服饰的历史与现状。编写和出版这本书是一项民族文化建设的基础性工程，为进一步传承、保护和开发本土优秀传统文化奠定了重要基础。该书有几个突出的特点：

一是全面与细致相结合。这本书可谓是柳州民族传统服饰的百科全书，介绍了柳州的壮族、汉族、苗族、侗族、瑶族、仫佬族、水族、京族的传统服饰，具体展示了这些民族传统服饰不同的款式。该书对柳州范围内多个民族服饰进行了拍摄、描述、解读，内容非常丰富：既讲服，也讲饰；既搜集女装，也搜集男装；既展示盛装，也展示常服；既有服饰整体的展示，也有披肩、腰带、围裙、肚兜、绑腿、袜子、鞋子等局部展示。读者通过阅读该书，将了解到柳州林林总总的民族传统服饰，更加具象化地理解中华文化多元一体的特征。

二是纵横相结合。该书在介绍某个民族的服饰时，常引经据典，介绍该民族传统服饰演变的历史脉络，使读者对该民族服饰发展过程有一个基本的认识，然后介绍该民族服饰在当地有哪些不同的类别、款式，从而使读者得到一个总体的认识。对柳州民族传统服饰发展历程的梳理，能帮助我们找到中华传统服饰发展过程中一些在中原地区已经失传的“密码”，如历史上中华传统服装的典型形制——交领式，在柳州苗族服饰中沿袭下来了。有的传统服饰已经传承了数百年，成为家族珍贵遗产和文物，如融水苗族自治县四荣乡荣塘村高王屯梁家的3套古老的百鸟衣，据说已经约有400年的历史，也被作者“发掘”出来展示给读者。这样先纵后横，分区域介绍有代表性的苗族的男装和女装、常装和盛装、衣服和银饰，能使读者对苗族服饰有整体的了解。

三是平面与立体相结合。各民族的传统服饰记录着自己民族服饰的发展历程，包含着颜色、款式、配饰、种类等诸多宝贵信息。因而在展示各民族传统服饰时，就不能仅以文字和平面图片来展示，还应该有多维度、立体的展示，才能更好地展示传统民族服饰之美。这本书在文字说明的基础上，除了使用大量局部和整体平面图来展示多种民族传统服饰，还让当地人特别是服饰的主人穿着来立体展示。在传统文化急剧变迁的当下，为了让读者尽可能全面地了解柳州当地的传统服饰，作者耗费了大量的心血，有的传统服饰已经处于濒临绝迹的状态，这些服饰压在箱底二三十年没有动过，被作者“发掘”出来，让其主人重新穿着才得以重现，实属难能可贵。

总之，这本书首次准确、生动、形象地展示出柳州多民族传统服饰的特征，是中国民族传统服饰文化研究领域中又一部原创性著作。我相信，本书的出版发行能够进一步促进中国传统民族服饰的保护、传承与研究工作，为中国传统民族服饰文化发展注入新的生机和活力。

当然，我们也必须明了一个日见而不觉的道理，在这复杂性的另一面则是一个简单的规律，即各民族对中华文化的深刻认同早已融入广大群众的血脉之中，你中有我，我在有你，不分彼此。

这也是我们今天铸牢中华民族共同体意识、加强中华民族共同体建设的题中应有之义。

（本文作者系广西大学公共管理学院社会学与社会工作系教授）

序二

没有围墙的民族服饰博物馆——柳州

梁汉昌

服饰是一种文化。人们常说“衣食住行”“吃穿不愁”，和食物一样，服饰和人们的生产、生活方式紧密相连。不同历史时期的服饰，反映出不同时期的生产力和科技水平，从这个层面上来说，服饰是一种物质文化；服饰又反映出不同时期、不同地区、不同民族、不同社会阶层的思想观念、精神面貌、生活情趣、审美观点和审美水平，所以服饰又是一种精神文化。

柳州市聚居着壮族、汉族、苗族、侗族、瑶族、仫佬族、水族等民族，包括服饰在内的文化遗产非常丰富，呈现出多元共生的民族文化生态。

进入工业化、信息化社会以后，受全球经济社会一体化浪潮的影响，人们的价值观发生了较大变化，农耕时代的文明成果之一——传统民族服饰，因失去了它赖以生存的“土壤”“水分”“空间”而成为“遗产”，成了映射到现代工业社会的一道绚丽晚霞。

正当此时，柳州市民族宗教事务委员会联合柳州市摄影家协会于2019年5月启动了柳州传统服饰影像采集项目。负责具体执行的柳州市摄影家协会影像采集团队克服了种种困难，历时一年多时间，行程遍布市辖5

区5县各乡镇村屯，用人类学、民族学田野调查的方法，在近90个影像采集点对260多套（件）民族服饰进行了专业拍摄。

从采集到的影像资料看，壮族现存两类服饰，一是分布于柳江区、柳南区、鱼峰区、柳城县一带，还有融水苗族自治县汪洞乡和三江侗族自治县斗江镇的女装，属右衽绲边衣加宽筒大裤式，此类服饰乃清代及民国遗风；二是融水苗族自治县杆洞乡及同练瑶族乡的女装，右衽长衣加百褶裙、围裙、绑腿式，此类服饰与相邻的贵州省从江县刚边壮族乡等地服饰属同一类型，冬装上衣保留壮族特色，夏装明显受周边的苗族、侗族影响。男装均为对襟窄袖马褂。

汉族的平头围腰是融水苗族自治县滚贝侗族乡同心村及三江侗族自治县汉族妇女的标配，很有特色。

柳州范围内苗族服饰较好地传承了古风，属于黔东南类型服饰，共同的特征是头扎美丽发式，下穿齐膝百褶短裙，较大区别在上衣。特别有价值的是融水苗族自治县杆洞乡杆洞村罗氏家族家传的女装百鸟衣和四荣乡荣塘村留存的三套男装百鸟衣。关于这三套男装百鸟衣的来历，主要有两种说法：一是苗族自制，二是香粉乡金兰村的瑶族所赠。对比两地服装的样式、艺术格调、工艺特点，再考虑地理上连片的因素，第二种说法是有依据的。

柳州地区的瑶族服饰也别有特点。融水苗族自治县同练瑶族乡、滚贝侗族乡一带的瑶族盛装头饰，与肩齐宽，极其壮观华丽；融水苗族自治县的良寨乡、白云乡、拱洞乡一带的瑶族盛装头饰呈“M”字型，绝美独特；鹿寨县拉沟乡、寨沙镇一带的瑶族头饰如竹笋状；三江侗族自治县的斗江镇和高基瑶族乡则戴特色腰围。融水苗族自治县融江一带和滚贝一带的女性服饰大同小异，滚贝一带的瑶族服饰更名副其实，融江一带服饰的色调更素雅；白云乡、大浪镇的瑶族传承了标志年龄和婚否的“发圈”，文化意蕴相当深厚，男性服饰中银锥和银鸟羽组成的高顶头饰十分独特；香粉乡金兰村的瑶族服饰和白云乡瑶族服饰的类型相近,应是相互影响的结果。

柳州地区侗族男性服饰除仪式装外，日常男性服饰式样大同小异，面料以自纺蓝靛增亮棉布为主。上衣为对襟窄袖马褂，下装为直筒阔腿裤；头帕多数为蓝黑色，两端绲绿边。融水苗族自治县同练瑶族乡一带的头帕特别些，以侗锦为帕。仪式装以百鸟衣最具代表性，主要流行在三江侗族自治县的独峒和程阳一带，长上衣垂飘带皆用精美侗绣装饰，末端系上鸟羽，十分华丽。三江侗族自治良口乡和里、南寨一带的男性服饰是长袍、马甲、长裙加檐帽。

柳州地区的侗族女性服饰分为 4 大类型 11 个亚类型，可见女装琳琅满目、丰富多彩。共同点是长衣百褶短裙，扎绑腿，区别在头饰、上衣和鞋子。

三江侗族自治县北部独峒一带的女性服饰，夏装上衣多用湖蓝薄料绲白边，加上对襟窄长袖，显得简洁清丽。冬装是在夏装基础上包头巾，着中袖蓝黑亮布斜襟衣，外穿围裙，脚穿尖翅头绣花鞋，加上蓝色的窄长里袖和黑色宽中袖搭配，十分和谐亮眼。林溪一带夏装衣袖的袖口镶宽白布，盛装银项饰呈圆盘状，以银梳为圆心呈树状，银枝绒球花，十分抢眼。八江一带的蓝布凉鞋与白袜子搭配很协调。

三江侗族自治县南部最突出的标志是妇女头扎圆条状头巾，中间为纯白色，两头织有纹样，从前额头向后戴并交叉绑于脑后。

三江侗族自治县西部妇女冬装普遍配围裙，富禄苗族乡一带妇女上衣后背挂“S”字型银饰，造型曲美。

融水苗族自治县的侗族服饰中，良寨乡、拱洞乡一带银链较粗犷，但胸兜和袜子的刺绣十分精美；同练瑶族乡一带上衣为圆斜襟，头扎侗锦；白云乡一带夏装多为蓝色对襟，冬装出于保暖需求则交襟于胸并用绳系于一侧；滚贝侗族乡一带侗族服饰盛装与苗族服饰盛装十分相似，夏装裤腿齐膝，扎绑腿，应是相互影响的结果。

仫佬族主要居住在柳城县古砦仫佬族乡，服饰用土棉布缝制，简朴素雅，为清末民国普遍流行的上衣下裤式，立领右衽上衣，直筒宽腰大裤。

水族主要分布在融水苗族自治县的同练瑶族乡英洞村和滚贝侗族乡同心村等地，英洞村服饰较简朴，同心村服饰用马尾绣工艺施绣，工艺十分精美。水族服饰主要运用蓝、白、绿等冷色调，呈现出沉静淡雅的艺术格调。

京族服饰剪裁合身适体，又同海滨生活与劳作结合密切，颇有特色。

读罢厚重的柳州传统服饰影像文本，我为柳州市民族宗教事务委员会和柳州市摄影家协会取得的这项丰硕成果而骄傲，更为覃士柱等摄影家积极投身民族文化遗产记录行动而感动，他们充分发挥摄影记录功能这个本体，利用影像去捕捉文化遗产这一道“绚丽彩霞”，为子孙后代留下了一份特定时代文明产物可资记忆的形象史料。

（本文作者系广西民族艺术研究院研究馆员、全国少数民族服饰保护传承标准化技术委员会委员）

前言

一

柳州市位于广西壮族自治区中北部，下辖城中区、鱼峰区、柳北区、柳南区、柳江区、柳城县、鹿寨县、融安县、融水苗族自治县、三江侗族自治县，总面积1.86万平方千米。柳州拥有2100多年建置史。秦始皇统一岭南后，属桂林郡。汉初属南越国。西汉元鼎六年（公元前111年）设置潭中县（属郁林郡），为柳州建置之始。汉代的柳江称“溜水”，“溜”音近似“柳”音，因而“溜水”也称为“柳水”，柳江因此得名。唐代贞观八年（634年）因柳江之名改为柳州，这是“柳州”最早的由来。唐代天宝元年（742年）称龙城郡，柳州“龙城”别称由此而来。唐代乾元元年（758年）龙城郡复名柳州。宋代为柳州。元代为柳州路。明代、清代为柳州府。1913年撤府，为马平县（1931年称柳州县，1937年称柳江县）。新中国成立后设置柳州专区和柳州市。

根据第七次全国人口普查结果，柳州市常住人口为415.79万人，少数民族人口为219.32万人，少数民族人口占比超过一半。

服饰作为一种文化，具有民族文化属性，其文化功能之一是能表明民族和显示穿着者的民族归属。柳州传统服饰文化作为一部无字的史书，是各民族社会文化发展的活化石。鉴于民间传统服饰所用材料在元明时期之后主要为棉，岭南地区气候的温度、湿度均不利于服装的久存，加之柳州有火化逝者服饰的风俗习惯等因素，所以柳州留存有年代的传统服饰极少，留存下来的最早传统服饰制作时间不早于清代，仅有数件清代和民国时期的传统服饰。

随着全球化浪潮来袭，20 世纪末至今，社会转型加剧了柳州各民族民间文化消解的进程，瑶族、苗族、侗族的传统服饰仍然艰难保持着传承态势，汉族、壮族、仫佬族、水族的传统服饰已经处于濒临消失的状态。

历史上，各民族传统服饰的制作主要以女性为中心进行，通过师傅带徒弟以口传心授方式进行技艺传授和继承，基本上无图释和文字、数据记载等文献性资料保存。20 世纪 80 年代以来，由于经济的发展、外来文化的影响以及追赶潮流等因素，使得柳州各民族纷纷脱下本民族传统服饰，换上从市场上买来的工业化生产的时装。传统服饰逐渐淡出人们日常穿着，仅在较为边远的山区得以保留。时至今日，各民族的大多数年轻群体日常已经不再穿着本民族服饰，随着掌握传统服饰制作技艺的手艺人及传统服饰穿着者年老相继离世，多代传承下来的宝贵技艺和传统服饰逐渐遗失，传统服饰日渐稀缺，显得愈加珍贵。因此，在 21 世纪第二个十年末和 20 年代初这个关键时间点，对柳州传统服饰进行系统的影像采集，或许是传统服饰形成影像文本文献和进行实物研究的最后机会。

二

柳州各民族传统服饰的共同特征是采用平面直线剪裁方式的“十”字型平面结构，且多为矩形衣片结构，以求最大限度地节省布料。以通袖（水平）和通身（竖直）为轴线的“十”字型平面结构作为中华传统服饰稳定而古老的结构，被柳州各民族普遍采用和沿袭。柳州各民族传统服饰相互交融又各具特色，如汉族、壮族、仫佬族、水族服饰右衽偏襟且有里襟，带有南方窄衣窄袖特征和北方汉族服饰“十”字型平面结构特征，为南北方传统服饰交流融合的产物；三江侗族女性上衣为古老的交领左衽“十”字型平面结构；融水苗族女性上衣为具有本民族特点的交领左衽“十”字型平面结构，衣身结构采用对襟加“拼衽”方式，呈现出古老的交领衽式结构特征，一字带式领型充当了领子和门襟的双重作用，整体近似工整地保持着左右对称、前后对称。

从制式来说，现存的服饰中，柳州苗族、侗族、瑶族女性服饰继承了中国传统服饰自商周时期以来的上衣下裳形制。其中瑶族的传统服饰文化传承较为稳定，清代以后变化较少。苗族、侗族女性服饰自清代至20

世纪 80 年代变化较少，20 世纪 90 年代后有所发展变化，刺绣和装饰开始大量运用。百褶裙和绑腿作为南方少数民族独特的服装形制，因便于南方山林环境生活劳作，普遍被柳州的苗族、瑶族、侗族等民族所采用。汉族、壮族、水族、仫佬族女性传统服饰的上衣下裤形制则为晚清至民国以来的样式。柳州汉族、壮族、苗族、瑶族、侗族、水族、仫佬族等民族男性所着常服，是中国服饰历史上发生第四次变革的结果，均为对襟窄袖马褂，这种马褂自清代以来成为柳州各民族男性传统服饰的主流。

柳州各民族传统服饰具有多样性、区域性和系统性。历史上柳州各民族的居住地地形复杂，以山地及河流两岸为主，交通相对闭塞，各民族长期交错杂居，密切接触，形成了不同的服饰文化圈。而在地形越复杂、交通越闭塞的地方，往往其服饰种类越多样化，特点越鲜明。

在不同民族之间，同一个民族下的不同支系或不同居住地都存在多样化的服饰，而每个区域的服饰又各自形成一个完整的系统，如苗族、侗族、瑶族女性服饰，大多分为日常生活劳作所着的便装和在婚庆节日等重大场合穿着具有礼服意义的盛装，缺一便不完整。对每个区域的传统服饰进行系统影像采集，更利于分析各民族地域性服装艺术体现出来的文化特质，解读“地方美学”的审美经验。

鉴于此，本次传统服饰影像采集以对各民族进行区域性、系统性记录形成影像文献为努力方向，但现实中一些区域只能采集到部分服饰，有些区域的传统服饰已经随着现代工业化的迅猛发展而消失，导致传统服饰影像文献的空缺，确实令人惋惜。

三

服饰的穿着习惯与穿着状态是服饰文化研究十分重要的一环。同样是古老的左衽（对襟）交领上衣，三江的苗江流域独峒、同乐一带侗族和融水苗族的穿戴方式有很大不同。

三江侗族女性习惯于叠穿衣物，当三件到五件上衣重叠穿着时，里层最长、外层最短，每层衣服都能露出下摆边，而融水苗族则没有此类穿着方法。如果不是在穿着状态上进行观察，就无法区分出两个民族的服饰文化差别。在一些地方博物馆中，由于缺少专业书籍的指导和服饰实际穿着的文字及影像记录，馆内陈列也会出现传统服饰被错误穿着或“张冠李戴”现象。因此，对每套传统服饰采取以最终穿着效果为基础进行影像采集，成为本书始终贯穿的思路，并以多角度进行立体式呈现。由服饰所有者本人、子女或由本村屯人员进行穿着，在影像采集上做到见服、见人，突显其原生态性，为今后服饰文化学和人类学研究提供更加详细和更具价值的文献影像。

在传统服饰文化研究中，服饰包括“服”和“饰”两个部分，两者是结合在一起的一个整体，一般不能分开。“服”包括头部的帽子、头巾、冠等，身体主躯干的衣裳（包括上衣、裤、裙）、披肩、腰带、围裙、肚兜等，腿足部的鞋、袜、绑腿等。“服”的作用一是保护身体，防晒、防寒、防风雨、防虫子、防摩擦；二是具有文化意义，显示衣着者的身份、性别、年龄、地位、群体的归属，是社会秩序和文化秩序的一部分。“饰”包括发型、佩戴在身体各个部位上的首饰、佩挂和缝缀在衣服上的佩饰等，“饰”的意义更多体现在文化方面，表示文化特征和归属，显示美观。柳州各民族中，除了服装各具本民族文化特点，饰品也因具有独特的文化属性而成为服饰研究的重点之一，饰品影像采集也成为其中一项重要内容，但苗族、侗族、瑶族的饰品种类繁杂而量多，本次影像采集仅选择部分作为样本留存。

服装的三个基本要素为款式、色彩、材质。服饰色彩是传统服饰文化研究中重要的对象之一，是分析研究各民族服饰文化的一项重点内容。各民族的服饰在色彩选择应用上，呈现出与各自民族风俗、生活习惯、生产方式紧密结合的“当地性”特征，表达出民族象征意义和民族性格，无不体现各民族的“印痕”。在影像采集过程中，为了尽可能使服饰色彩和质感得以准确地还原和阐释，除有署名的图片之外，所有服饰在影像采集时均使用闪光灯以5200K标准色温进行拍摄。

从人类文化发展的角度来看，变迁是无法回避的历史规律。20世纪90年代以来，生活环境的变迁，促使柳州的苗族、侗族、瑶族等民族的传统服饰形态走向了多样化，导致服装文化及其艺术特征发生了不同程度的转变，也使得各民族传统服饰在当代呈现出三种不同的延续方式，表现为“一个源头两种流变”。“源头”即作为各民族文化基因被原样保护的非物质文化遗产，“流变”则是作为“源”文化基因的产物，其中的一种流变是振兴传统工艺的产业化、机械化、非遗化商品之变，另一种流变是“让民族文化走出去、让非遗活在当下”的文创产品研发之变。因此，将“源头”不走样地以影像文献保留下来，作为传统古典服饰文化基因薪火相传尤为重要。如果源头走向了枯竭，将流变当成源头，把非遗化商品和文创产品当作各民族传统服饰的文化基因，那无疑是本末倒置，随之而来的将是各民族传统服饰根脉的断裂。当下，一边是部分民族传统服饰加速消失，一边是苗族、侗族、瑶族等民族服饰实现产业化、机械化后不断地推陈出新，样式朝多样化、个性化发展。现代苗族服饰、现代侗族服饰的样式等琳琅满目、丰富多彩，寻找和辨别那些作为“源头”的各民族传统服饰并进行系统的梳理，是本项目的核心工作之一。

实地调查法是人类学、民族学的主要研究方法之一，即亲自进入民族聚居地区，通过直接观察、具体访问、居住体验等方式获取第一手研究资料的过程。本次影像采集采用了这种方法，以实地访问的方式走村入户，通过实地走访调查，请各民族群众把传统服饰拿出来，有些甚至是压在箱底已经有二三十个年头没有穿着的服饰。通过访谈了解这些传统服饰的款式、结构、装饰、制作方式、穿着方式、流行年代等细节信息，最终形成影像文献里所看到的服饰形态。本次影像采集，历经一年多时间对多个民族的服饰形态和留存情况进行了实地考察采访和多方寻找，克服各种困难，采集到尽可能原生态的实物样本，得到了第一手资料，经整理最终将柳州民族传统服饰进行系统的影像文献呈现，较为全面地反映了柳州聚居民族传统服饰的总体样貌。

一个民族传统服饰的形成和发展是长期不断变迁的过程，受地理环境、气候、生产生活方式、族群文化、伦理道德、工艺水平等多方面因素的影响，表达的是对该民族历史、对大自然的认识。服饰文化形成和发展过程不是独立的状态，而是以不断融合的状态进行。在历史发展中，柳州各民族毗邻而居，在习俗、语言、经济、技术等方面相互影响，这也提示我们，在对民族传统服饰进行影像采集和文化研究中，必须深刻认识到这种文化上的相互影响所带来的复杂性。

第一章

壮族服饰

被发文身，错臂左衽，瓯越之民也。

——《战国策》

男女皆斑衣，长仅至脐，裙不过膝。

——〔雍正〕《广西通志》

柳州的壮族，主要聚居在柳江区、柳南区、鱼峰区、柳城县、鹿寨县等3区2县的各乡镇。融安县的大良镇、沙子乡、桥板乡、泗顶镇、雅瑶乡等乡镇，融水苗族自治县和睦镇、三防镇、融水镇、香粉乡、永乐镇、白云乡、大浪镇、同练瑶族乡、杆洞乡、汪洞乡、四荣乡、滚贝侗族乡、安太乡等乡镇，三江侗族自治县的和平乡、高基瑶族乡、斗江镇、古宜镇、丹洲镇等乡镇亦有一定的壮族分布。

壮族的传统文化主要为稻作文化，壮族的服饰文化是受稻作生产活动与生态环境影响形成的。壮族服饰先后历经战国时期瓯骆之民的左衽衣，秦汉时期的短衣、短袖和贯头衣，唐代时期的男左衽衣和女桶裙，宋代时期的上衫下裙样式。到了明清时期随着刺绣和织锦的运用，服饰从质朴素雅转向华丽，出现对襟衣、斜襟衣、大襟衣、长袍、长衫等多种款式。在妇女保持上衣下裳样式的基础上，壮族各地服饰差异也越来越大，各具风格。民国初期壮族服饰发生了重大变化，男装从大襟变对襟，复杂的女裙装多改为偏襟上衣和长裤。在长期民族交往过程中，壮族服饰不同程度受汉族、满族、苗族、瑶族、侗族、水族等各民族服饰的影响，最终形成了以白、蓝、灰、黑为主色，集简约、实用、美观、和谐于一体的民族风服饰格。

因壮族聚居地区地形复杂，高山大河的分隔形成诸多自然屏障，不同区域的壮族服饰和纹饰丰富多彩，风貌各异。从现存的服饰看，柳州市的柳江区、柳南区、鱼峰区、柳城县等地壮族服饰与融水苗族自治县大浪镇、三防镇、汪洞乡，三江侗族自治县斗江镇、高基瑶族乡、和平乡等地的壮族服饰，在样式上基本一致，女穿右衽衫衣，包头帕，男着对襟衣，均受满族服饰和汉族服饰影响较大，但在服饰的布料、色彩和头帕上存在明显差异，女装于清末民国时期改为大摆裤，服饰趋于至简、朴素、自然。目前留存的壮族传统服饰为民国时期以来的样式，该样式服饰与当地的汉族服饰十分相近，呈现壮汉服饰一体化的特点，不同点为壮族人喜包头帕，而当地汉族人基本不包头帕。经实地调查，柳州鹿寨县已经难以寻找到壮族传统服饰作为样本。融安县、鹿寨县45岁以下壮族群众，大多表示从未见过本地壮族传统服饰。在寻找壮族传统服饰线索过程中，仅在鱼峰区里雍镇、柳江区穿山镇一带发现尚有极少数70岁以上妇女日常仍然穿着或保留有壮族服饰，柳州市范围内的大部分地区的壮族传统服饰目前处于濒临消失的状态。

◆ 柳南区洛满镇壮族服饰

柳南区洛满镇留存下来的壮族服饰多为民国时期样式，受外来文化影响，已经改裙为裤，总体上朴素自然，服饰无花边，趋于至简，仅有部分村寨的女装在头巾和鞋子上刺绣菊花纹作为装饰，服饰以黑色、青色和蓝色为主色。

项目组选取了柳南区洛满镇的洛河村凤祥屯作为这一区域的壮族服饰影像采集点。

洛河村壮族妇女头包深色头帕，为上衣下裤制，上着右衽衫衣，旧时下着宽摆裤，从头到脚极少装饰，个别仅在头帕上或布鞋上以一朵菊花刺绣为装饰，整套服饰沉静朴素。该件大襟衣（图 1-1）制作于 20 世纪 80 年代，用土布制作，立领、右衽大襟、下摆两侧开衩，衣身无饰边，采取中国传统平面直线剪裁方法，前后破缝，衣襟、开衩、袖口、接缝处都采用明线缝合，结构为十分典型的“十”字型、整一性、平面化服装结构，服装结构的传统性保存得相对完整和真实。

从前，壮族、汉族、苗族等各民族的传统服饰所用面料均为手工织作，布幅的大小受限于织布机尺寸。南方各民族的织布机宽度较窄，布幅无法达到“十”字型结构的横宽。在尽可能美观的情况下，南方各民族一般通过不同位置的断缝处理来满足护身和布料完整性之间

< a >

的统一。断缝是解决布料幅宽不足的一种方法，可减少对布料的裁剪破坏，又可实现衣身的美观整齐。最常见的是衣身的前后中断缝和袖身之间的断缝。基于节约和敬物意识，最大限度保持原材料的完整性，利用面料的自然幅宽，尽量不破坏其原貌，形成“布幅决定结构形态”的特质，这几乎成为民国之前中华传统服饰结构设计的定式。

◇ 图 1-1 洛河村壮族女性常服（一） < b >

<a>

图1-2所示的蓝色衫衣制作于20世纪80年代，用蓝靛土布制作，为短衣窄袖类型，并呈前短后长的样式。短上衣是壮族等南方少数民族主要的服装类型，总体特征是衣身短窄。南方一带少数民族女装短上衣适应南方温润的气候。衣袖为窄袖样式，袖子短于手腕，便于农耕劳作。南方以种植水稻为主，女性在水田进行劳作时会弯腰，短上衣的长度至腰部，这样弯腰就不会弄湿衣服。还有前短后长的服装样式，也是适应生产劳动的智慧结晶。学者刘瑞璞认为，不少南方少数民族以农耕为主，长时期进行田间劳作，导致南方标志性的服装结构特征为下摆前短后长。

项目组还采集了另一套洛河村壮族女性常服（图1-3）及洛河村壮族女性冬季服饰（图1-4）的影像资料。

◇ 图1-2 洛河村壮族女性常服（二）

◈ 图 1-3 洛河村壮族女性常服（三）（上图左）

◈ 图 1-4 洛河村壮族女性冬季服饰（上图右）

◆鱼峰区里雍镇壮族服饰

壮族群众喜欢包头帕，头帕的式样千差万别。头帕的高矮、色彩与纹样的不同，成了识别不同支系和村寨的标志。

项目组选取了鱼峰区里雍镇的龙团村作为这一区域壮族服饰影像采集点。

鱼峰区里雍镇、柳江区穿山镇一带壮族妇女的布鞋上，通常绣有菊花纹样（图 1-5 与图 1-6），部分妇女的头帕上亦有菊花纹样，一般绣在头帕的边缘上。壮族有花崇拜信仰的传统，所以花在壮族传统服饰中是最常见的装饰图案，是主纹饰，这些纹样一般用在妇女的头帕上、围腰中、衣袖边、腰带里及鞋子上。

◎ 图 1-5 龙团村壮族女性常服（一）　< a >

< b >

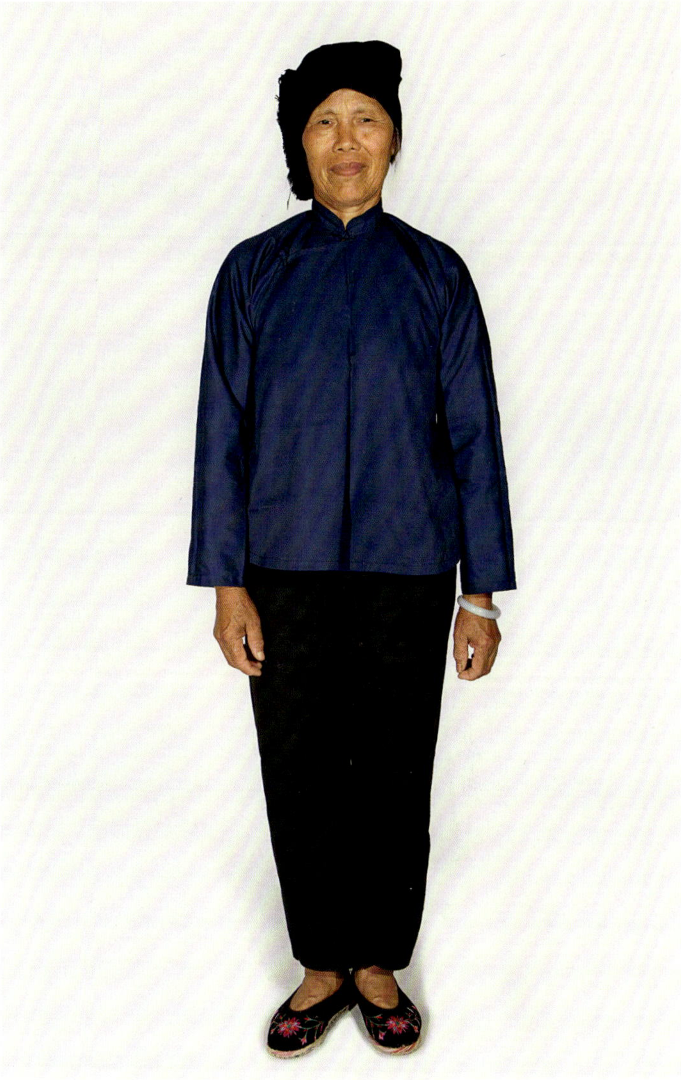

◇ 图 1-6 龙团村壮族女性常服（二）

◆ 三江侗族自治县斗江镇壮族服饰

相传三江一带的壮族先祖于宋明时期从庆远、南丹一带迁来，部分为逃荒避难迁徙而来，部分则是明朝时征调而来，且耕且守，世代相袭，故三江壮族中不少为明代俍兵的后代。三江壮族主要分布在斗江镇、高基瑶族乡、和平乡等3个乡镇。三江壮族服饰在雍正《广西通志》有所描绘，“男女皆斑衣，长仅至脐，裙不过膝”。现今所见为数不多的三江壮族传统服饰已是民国以来改装的样式，均为上衫下裤式，服饰以白、蓝、灰黑为主色调，清代之前壮族传统的裙装已不见。

项目组选取了三江侗族自治县斗江镇的白言村作为这一区域的壮族服饰影像采集点。

图1-7所示服饰为白言村覃姓壮族老人在20多岁时所穿，制成于20世纪80年代，上衣由土布制作而成。该套服饰为该村年轻女性所着的样式，布料色彩明快。

图1-8所示服饰为白言村覃姓壮族老人在40岁前后时所穿，也是该村中青年已婚女性装束打扮样式，服饰色彩以深色为主，尤显沉稳。

壮族女性各年龄段服装的区别较为明显，一般是以婚姻和生育作为变服的节点，服饰颜色及发型随着年龄的增长而趋于稳重成熟。

◈ 图1-7 白言村壮族年轻女性常服

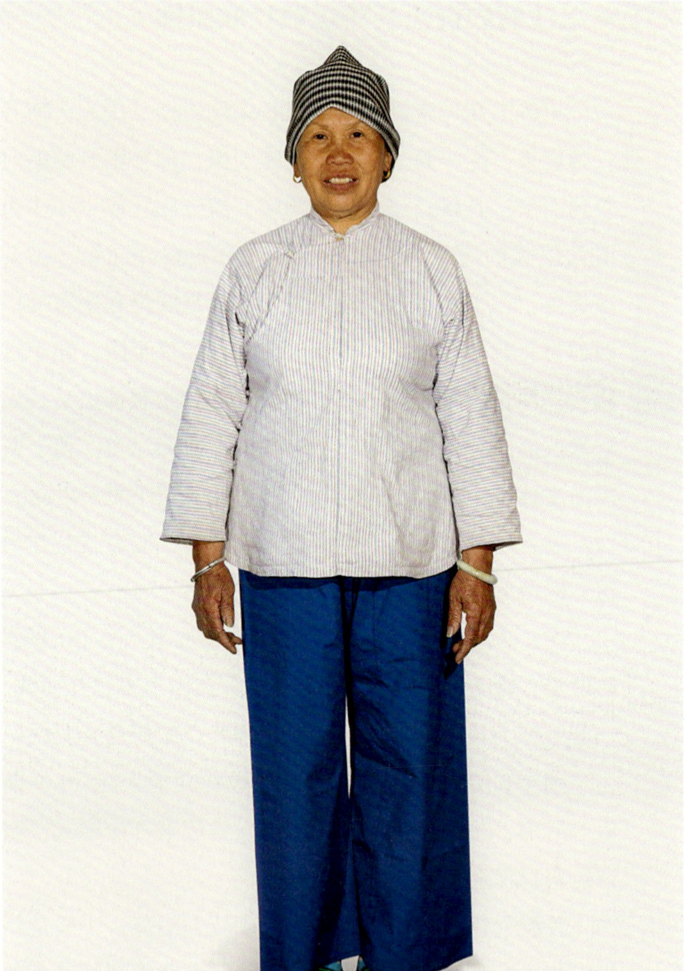

< b >

◇ 图 1-8 白言村壮族中青年已婚女性常服

◎ 图 1-9 白言村壮族女性插花绣鞋

白言村壮族妇女擅长使用插花刺绣工艺手工制作鞋子，插花绣鞋是该村壮族服饰的一大特色。图 1-9 所示的鞋子为石榴花纹。壮族的传统服饰能够充分体现出壮族民众对于生命的尊重与敬畏，这种思想观念直接地体现在服饰的纹饰图案中，比如在壮族纹饰中常常会出现青蛙、鲤鱼、葫芦、石榴等符号。这些植物或动物都有一个共同的特征，即“多子”，青蛙和鲤鱼具有很强的繁衍能力，而石榴和葫芦的内部呈现出种子密布之状，都与壮族民众渴望子孙后代繁衍生息的观念有关。

◆融水苗族自治县大浪镇壮族服饰

融水苗族自治县大浪镇的壮族先民大多是从明朝的庆远府（其范围大致为现在的广西河池市大部分地区以及今贵州省黔南布依族苗族自治州的荔波县周边）一带迁来，其服饰风格与三江侗族自治县的壮族服饰风格大体相似。

项目组选取了融水苗族自治县大浪镇的桐里村作为这一区域的壮族服饰影像采集点。

21 世纪之前，河池市大部分地区的壮族妇女中普遍流行戴方格头巾（图 1-10 左）。结合史料记载及实地考察，可推测出三江壮族、融水大浪壮族方格头巾与原庆远府地区的壮族方格头巾存在某种源流关系。

花是壮族衣饰中最为普遍的装饰图案，如菊花、牡丹、木棉花等，更有以花为组合图形的图案，千姿百态。壮族人爱花与他们对花的生殖崇拜有关。这一生殖崇拜可追溯至远古的一则花生人的神话，传说花孕育了壮族创世女神姆六甲，且其生殖能力还通过姆六甲继续发挥作用，创造出了人类万物。后来姆六甲演变成壮族掌管生育的花婆神。背带正中的大花（图 1-11），是壮族创世女神姆六甲的象征。和壮族古老传说中的蛙神一样，花婆神掌管着人间的生殖、生命与收获等，是妇女和孩子的保护神。

◇ 图 1-10 桐里村壮族女性头巾

◇ 图 1-11 桐里村壮族背带（上图）

◇ 图 1-12 桐里村壮族布料（右页上图）

◇ 图 1-13 桐里村壮族绣花鞋（右页下图）

项目组还采集了桐里村壮族制作服饰的布料（图1-12）与绣花鞋（图1-13）的影像资料。

◆融水苗族自治县汪洞乡壮族服饰

按照当地人的说法，汪洞乡的壮族先民大多是从广西东兰县迁徙来此定居的。项目组选取了融水苗族自治县汪洞乡的廖合村作为这一区域的壮族服饰影像采集点。

廖合村现存的壮族传统服饰目前仅见女装（图 1-14 至图 1-17），所用布料多为工业纺织品，为民国后的上衣下裤服装样式。

◇ 图 1-14 廖合村壮族女性夏季常服

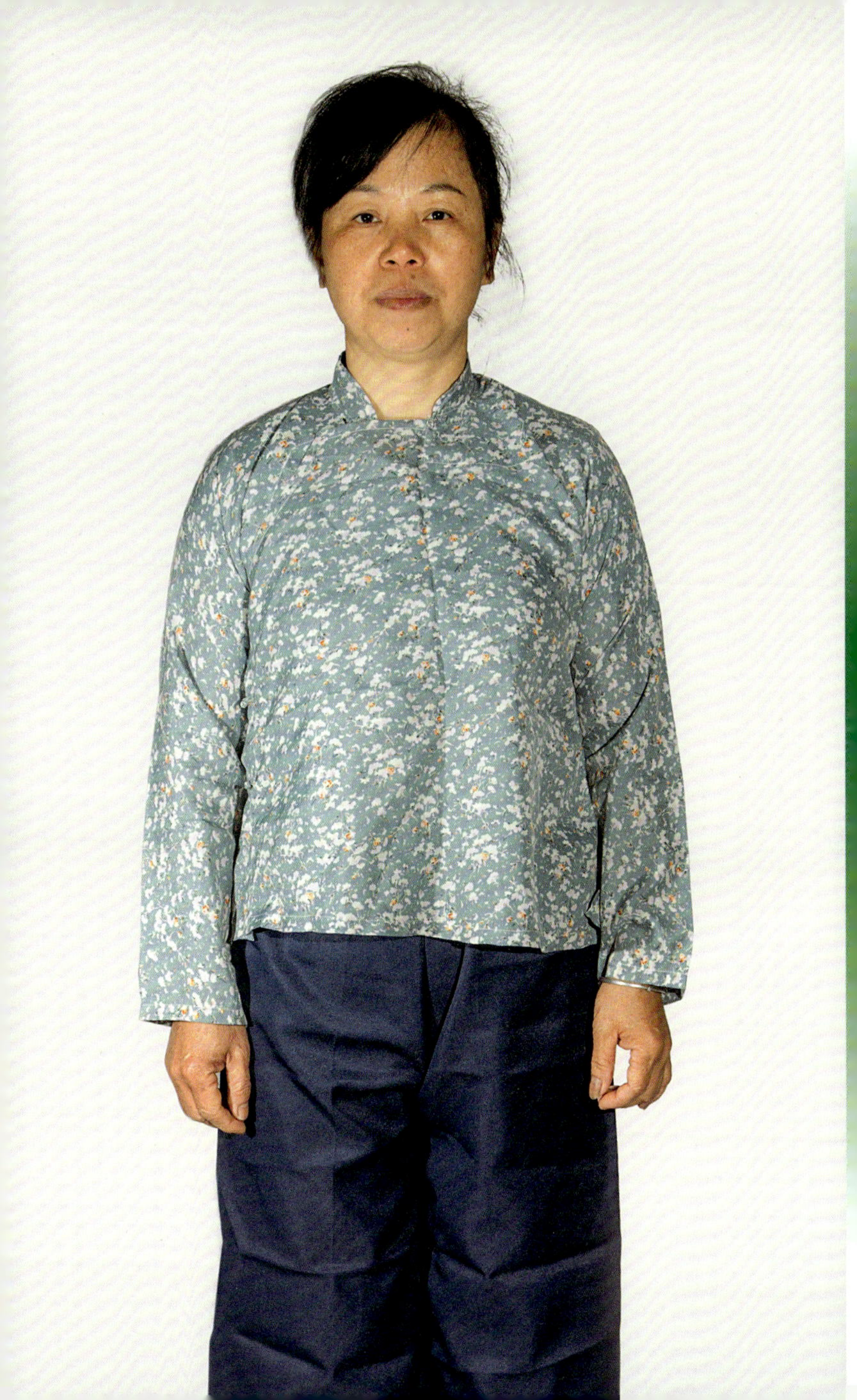

◇ 图 1-15 廖合村壮族女性春秋常服

◈ 图 1-16 廖合村壮族女性冬季常服

◆融水苗族自治县同练瑶族乡壮族服饰

融水苗族自治县西北部的同练瑶族乡英洞村的壮族先民是由广西东兰县迁来，先居于融水苗族自治县汪洞乡廖合村，其后分支，其中的一支在清代迁入同练瑶族乡英洞村，定居至今已有15代以上。

与同宗同族同姓的廖合村壮族服饰相比，英洞村的壮族服饰更具古风，其服饰类型与相邻的贵州省从江县刚边壮族乡、秀塘壮族乡等地的壮族村寨的服饰基本一致，其服饰在款式、布料制作和用色上受周边的侗族、苗族服饰的影响较大（图1-18至图1-21）。

◇ 图1-17 廖合村壮族老年女性常服

◇ 图 1-18 英洞村壮族女性夏季服饰 < a >

< b >

◈ 图 1-19 英洞村壮族女性冬季服饰 <a>

< b >

◈ 图 1-20 英洞村壮族女性盛装

< a >

英洞河发源于广西融水同练瑶族乡，流经英洞村，其上游均为瑶族村寨，下游均为壮族村寨。英洞河从英洞村流入贵州从江县刚边壮族乡与秀塘河汇合后，被称为三百河，最后汇入都柳江。三百河流域的刚边、秀塘等乡镇为壮族聚居区，其壮族先民从现广西河池一带迁来。三百河流域现存的壮族服饰均不同程度受到周边的侗族、苗族等民族服饰的影响，因而带有多元的服饰元素，可细分为两种：一种为三百河中上游的刚边壮族乡、秀塘壮族乡一带的壮族服饰，保存较多的壮族元素；另一种为三百河中下游的平正村、银平村一带壮族服饰，深受苗族、侗族服饰的影响。英洞村与三百河中上游的刚边壮族乡、秀塘壮族乡一带在地域上连为一片，因地缘文化关系而服饰相同。

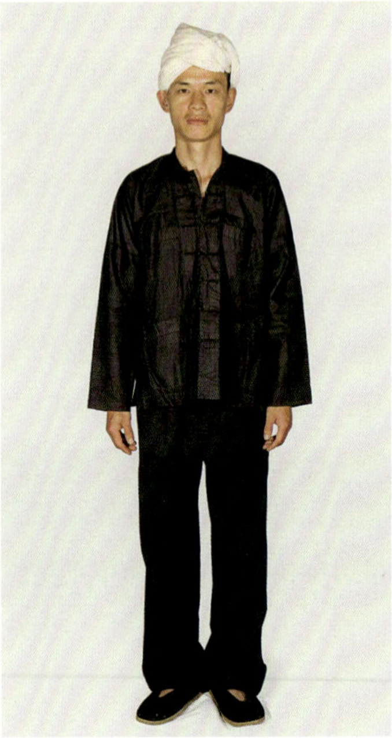

< a >

< b >

◇ 图 1-21 英洞村壮族男性常服

< c >

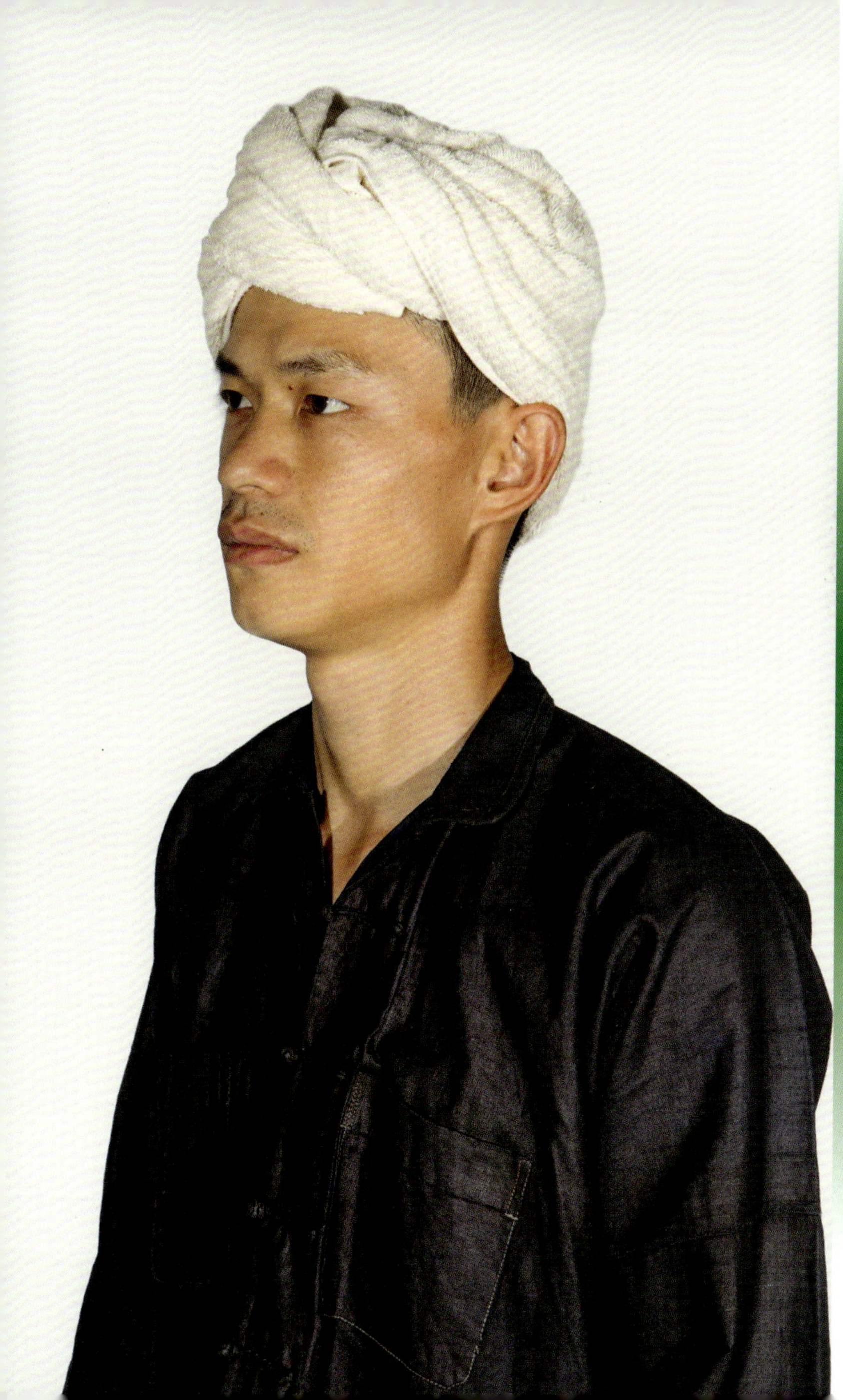

◆融水苗族自治县杆洞乡壮族服饰

融水苗族自治县杆洞乡的归江村下归江屯至今仍然保存有传统的壮族服饰。该屯壮族民众自称其先民于200多年前分别从广西河池和湖南等地迁来。下归江屯的壮族服饰工艺精湛，全部采用手工制作，老款服饰保留着清代之前的服饰特点，并深受周边苗族、侗族服饰的影响（图1-22至图1-25）。

21世纪以后的新款壮族盛装（图1-26），进一步融合了壮族传统服装和苗族服装的特点，形成独特的风格。下归江屯的壮族服饰与相邻的贵州省从江县三百河中下游的刚边壮族乡高麻村、银平村、平正村，以及丙妹镇的归林村一致。

◈ 图1-22 归江村壮族男性常服

< b >

< c >

◇ 图 1-23 归江村壮族女性冬季常服

< a >

◇ 图 1-24 归江村壮族青年女性夏季服饰 < a >

< a >

< b >

◈ 图 1-25 归江村壮族女性夏季常服

< c >

◇ 图 1-26 归江村壮族女性新款冬季盛装 <a>

< b >

第二章

汉族服饰

黄帝、尧、舜垂衣裳而天下治，盖取诸乾、坤。

——《周易·系辞下》

绿衣黄裳。

——《诗经·邶风·绿衣》

聚居柳州的汉族，其先民在历史上不同时期先后从中原的不同地方迁徙而来，如今在柳州市五区五县均有分布。

公元前 214 年，秦王朝将包括今广西、广东及越南北部一带在内的岭南地区纳入统治，设桂林郡、南海郡、象郡三郡，委任官吏，并将中原人迁至岭南“与越杂处”。这是文献记载的中原人迁入岭南之始。

此后在三国魏晋南北朝、隋、唐、宋、元等不同历史时期，中原先民先后迁居岭南。早期从中原迁居广西的主要为军队移民、逃荒农民、商贩及被流放的官员等，因久居广西，多数便落籍于此，繁衍生息。

我国是一个统一的多民族国家，几千年来各民族间不断交往交流交融，不断推动着我国服饰文化向前发展。在历史上，各民族在服饰上相互影响，各自吸取其他民族的特色，又各自保持本民族的传统，才创造出几千年的灿烂服饰文化。中国传统服饰之所以千姿百态，是历史上各民族长期交流合作和共同创造的结果。

柳州现存的汉族传统服饰，带有晚清到民国服饰时期的风格，男性服饰均为对襟窄袖马褂。女性服饰形制均为上衣下裤，现存传统服饰中未发现有上衣下裙样式。

三江侗族自治县古宜镇和融水苗族自治县滚贝侗族

乡的汉族女性服饰最具特色，至今当地仍有不少妇女将这些传统服饰完好地保存下来，并在节日及婚嫁喜事等场合穿着。

◆融安县潭头乡汉族服饰

融水苗族自治县的融水镇、永乐镇、和睦镇及四荣乡、大浪镇的部分村寨，融安县的长安镇、浮石镇、大良镇、潭头乡、东起乡、沙子乡、泗顶镇、大将镇、大坡乡的一部分村寨，柳城县的龙头镇、古砦仫佬族乡、大埔镇等乡镇的汉族妇女上着右衽衫，下着大裆裤。女衫衣为右衽形式。所谓右衽就是让左衣领盖住部分右衣领，这样左衣领的边缘看起来就向右下倾斜，衣襟看起来很像小写英文字母“y”。中国古代华夏族群在传统文化上，把身体的左侧视为阳，右侧视为阴，阳面在上，阴面在下，汉服多为右衽交领。

项目组选择了融安县潭头乡的几个村庄作为该区域汉族服饰的影像采集点。

潭头乡现存传统汉族服饰数量极少，仅部分老年妇女保存了一些，目前处于濒临消失的状态。

图 2-1 与图 2-2 所示的这两件采样的女衫衣为直立领，右衽衫，盘扣 5 到 6 粒，结构为肩袖连裁，呈现出拼缀结构的特点，下摆渐张，袖口渐窄。在整体裁剪结构上仍基本保持着“十”字型、整一性、平面化的形态，面料已为现代工业纺织布，服饰朴素淡雅，实用性强，没有过多的装饰。

◈ 图 2-1 潭头村汉族女性常服（一）

◇ 图 2-2 潭头村汉族女性常服（二）

◆三江侗族自治县古宜镇汉族服饰

三江侗族自治县古宜镇汉族在一定程度上受周边侗族、苗族、壮族等少数民族文化的影响，在服饰上呈现出民族文化融合的特色。

项目组选取了三江侗族自治县古宜镇大竹村凤尾寨和洲北村作为该区域汉族服饰的影像采集点。

三江侗族自治县古宜镇汉族男性所着常服为对襟窄袖马褂（图 2-3）。中国服装史的第四次变革对男性服饰带来的影响尤为深刻，在本次影像采集中，发现柳州市不管是汉族，还是壮族、苗族、瑶族、侗族、水族、仫佬族等少数民族的男性传统服饰，形制基本一致，均为对襟窄袖马褂，这种马褂自清代以来成为柳州各民族男性传统服饰的主流服饰，各族男性仅在头饰上保留本民族的特色。

三江侗族自治县古宜镇汉族已婚女性夏季服饰（图 2-4）上衣为无领右衽衫，扎蓝色或青色腰带，旧时着大裆裤，足着凉纳鞋。

◇ 图 2-3 古宜镇汉族男性常服（右图）

◈ 图 2-4 古宜镇汉族已婚女性夏季服饰

图 2-5 所示款式主要用于夏装，挂有银链或不带银链的围裙，以中青年妇女穿着为主。三江侗族自治县古宜镇汉族妇女传统衫衣为无领结构，现存不少右衽衫衣为立领结构，为后期受外来服饰影响所致。

三江侗族自治县古宜镇汉族中老年妇女服饰多为黑色或紫黑色，风格朴素、简洁、大方（图 2-6）。

◈ 图 2-5 古宜镇汉族已婚女性常服

< b >

◎ 图 2-6 古宜镇汉族中老年女性秋冬常服

< a >

三江侗族自治县古宜镇汉族已婚妇女头包黑白相间的方格头巾，将辫子盘于头巾之外，极具特色（图 2-7）。

通过对比观察到，三江侗族自治县古宜镇汉族妇女的方格头巾与三江侗族自治县斗江镇白言村壮族、融水苗族自治县大浪镇桐里村壮族的方格头巾在样式上基本一样，仅在辫子的处理上有所不同。三江斗江镇壮族和融水大浪镇壮族先民大多为明朝时期从庆远府一带迁来。明清时期庆远府东临柳州府、南临思恩府等地，西与泗城府交界，管辖范围约相当于今河池市所辖地区。经调查了解，21 世纪之前，河池市大部分地区的壮族妇女中普遍流行戴该种方格头巾，三江斗江镇壮族和融水大浪镇壮族方格头巾与原庆远府地区壮族方格头巾应存在源流关系，当地的汉族因长期与三江壮族、融水壮族毗邻居住，其所戴头巾极有可能是受壮族头巾的影响而产生。

◈ 图 2-7 古宜镇汉族已婚女性头巾

三江侗族自治县古宜镇汉族未婚女性多留长辫，用红毛线扎辫，脚穿平头绣花布鞋，日常出行携带自织的绣花布袋（图 2-8）。

图 2-9 所示的服饰为未婚女性所着，布料多为市场买来的工业纺织品。

项目组还采集了古宜镇汉族女性便装（图 2-10 至图 2-11）及背带（图 2-12）的影像资料。

◈ 图 2-8 古宜镇汉族未婚女性常服

◈ 图 2-9 古宜镇汉族未婚女性夏季服饰

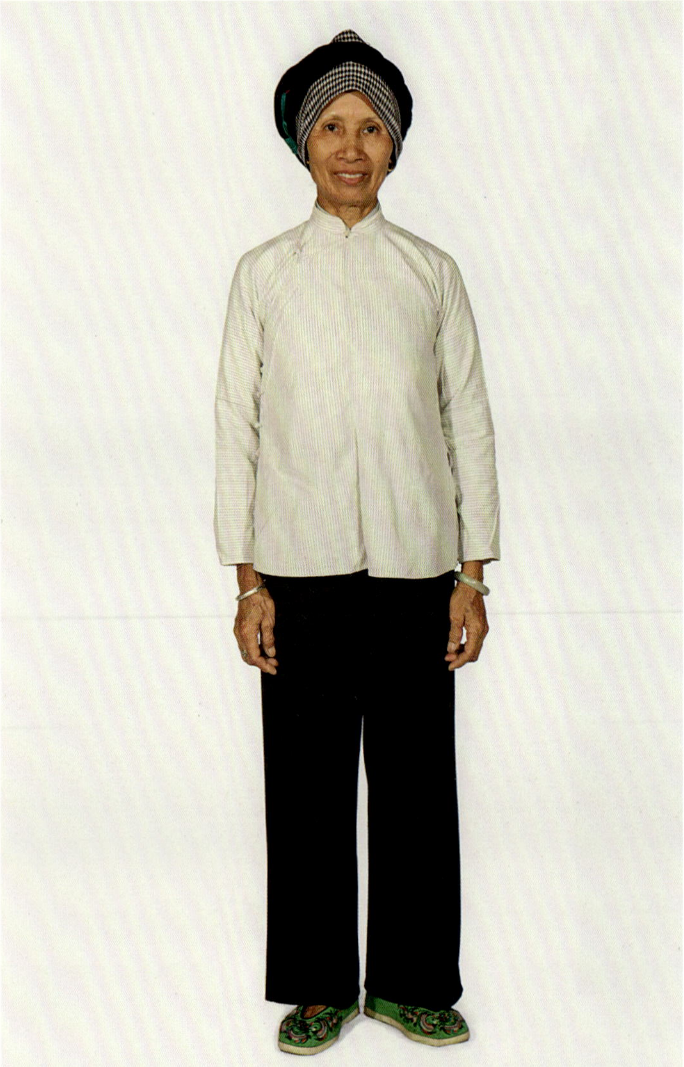

◈ 图 2-10 古宜镇汉族女性便装（一）

◇ 图 2-11 古宜镇汉族女性便装（二）

◈ 图 2-12 古宜镇汉族背带

◆ 柳城县社冲乡汉族服饰

今天柳州的部分汉族是从明代卫所驻军演化而来，也有一部分是明代屯田入桂汉族移民的后裔。据统计，明代后期在广西共设有多处卫所，并且一直实行“许携家属”制度，驻军在桂北、桂中、桂西北，基本上分布在州府县所在地，即今桂林、柳州及其县城所在地，这些卫所驻军子孙世袭为屯兵，遂在桂林、柳州等地落籍。

这些明代入广西卫所驻军的汉族后裔，主要居住在城镇，其传统服饰从 20 世纪 90 年代以后趋于消失，仅在一些乡村中有个别 80 岁以上的老人仍有保存。

项目组选取了柳城县社冲乡长漕村东盘龙屯作为这一区域汉族传统服饰的影像采集点(图 2-13 至图 2-14)。

◈ 图 2-13 长漕村汉族男性常服

◈ 图 2-14 长漕村汉族女性常服

◆融水苗族自治县滚贝侗族乡汉族服饰

融水苗族自治县一些乡镇的边远高山村落，居住着以讲湖广话为主的汉族群体。明清以来其先民因避难逃荒等原因从湖南迁至广西，因沿江、平缓坡地和条件较好的土山等地方已经有壮族、瑶族等民族居住，再加上需要躲避动乱，他们选择了偏僻却安全的大山深处，在土山的顶部定居，因而被学术界称为“高山汉族”。

融水的汉族主要分布在滚贝侗族乡的同心村、三团村，杆洞乡的高强村、达言村，同练瑶族乡的英洞村、如劳村，三防镇的洞马村，汪洞乡的八洞村、平时村等。

由于融水高山地区汉族多为清代迁入，其服饰也较多地保留了传统风貌。但长期与其他少数民族接触，使得其服饰文化也受到其他民族服饰文化的影响，呈现出汉族服饰与少数民族服饰相融合的特征。

项目组选取融水苗族自治县滚贝侗族乡同心村下头坪屯、三团村和杆洞乡达言村作为当地汉族传统服饰的影像采集点。

此件汉族中老年妇女服装上衣（图 2-15），紧身长袖，立领、右衽大襟、无饰边，采取传统古典华服平面直线剪裁方法，袖肩连裁，前后破缝，采用明线缝合，相对来说较为朴素，结构为典型的“十”字型、整一性、

◇ 图 2-15 同心村汉族中老年妇女服饰 < a >

平面化服装结构。高山地区汉族服装样式基本保留了汉族传统的上衣下裤的形式和平面式的造型，这也是清代中期至民国初年汉族民间女性服饰的基本样式。

因居住在高山上，夏无酷热，冬无严寒，年平均气温为 16℃—20℃，高山汉族人所穿着的服装款式变化不大，基本为一个款式。高山汉族妇女普遍头缠头巾，

< b >

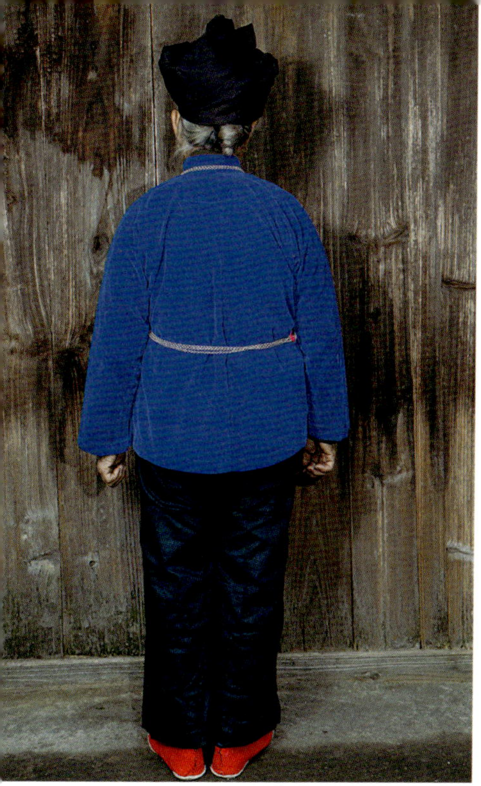

< c >

< d >

头巾由一块 2 米多长、0.1 米宽的蓝靛布制成，头巾的材料、色彩及样式与周边的侗族、苗族基本一致。上衣以蓝、绿两色为主色调，上衣为右衽大襟衣，立领结构，佩戴银链围裙成为其标准配置（图 2-16），旧时穿着大裆裤，脚穿绣花鞋。现存服装多数使用从市场购买来的工业纺织布制作，也有少数服装为土布制作。时至今日，大多数滚贝侗族乡汉族妇女仍然保留其传统服饰，在春节、婚嫁时穿上。

◈ 图 2-16 同心村汉族中青年妇女服饰 < a >

< b >

< c >

< d >

◆柳江区拉堡镇汉族服饰

客家人是柳州汉族的分支之一,其先民或迁自福建,或从广东、江西、湖南等省而来,明清时期是客家人迁入柳州最为集中的时段,由此构成了柳州居民中一个数量不少的群体,约有50万人,相对集中聚居地为柳江区进德镇,鹿寨县寨沙镇,柳城县东泉镇、沙埔镇和大埔镇,其他散居于柳南区南环街道、太阳村镇,柳北区沙塘镇、石碑坪镇,城中区河东街道,鱼峰区洛埠镇、白莲街道、麒麟街道,三江侗族自治县的古宜镇、丹洲镇、富禄苗族乡、和平乡、高基瑶族乡、老堡乡、梅林乡、林溪镇、同乐苗族乡和洋溪乡等乡镇,融水苗族自治县的四荣乡、香粉乡、怀宝镇、三防镇、良寨乡、大年乡、大浪镇、白云乡等乡镇,融安县的长安镇、大良镇等乡镇,鹿寨县的拉沟乡、四排镇、黄冕镇、中渡镇、江口乡和导江乡等乡镇,柳城县的龙头镇、凤山镇、太平镇、寨隆镇、社冲乡等乡镇,柳江区的拉堡镇、成团镇、穿山镇等乡镇。

柳州客家人现存传统服饰数量极少,经多方寻找,项目组在柳江区拉堡镇木罗村上渡屯寻得寥寥数件,目前整体上处于濒临消失的状态。

客家妇女日常均系围裙,围裙较为简洁,由一方块纯色布料制成,无太多装饰(图2-17)。

◈ 图2-17 木罗村汉族女性常服　<a>

< b >

< c >

第三章

苗族服饰

融县苗，青布缠头，耳项各悬银圈，衣裈俱青色，短小紧窄。怀远苗，男女服以青布绣花，极工巧，俗谓花衣苗。

——〔嘉庆〕《广西通志》

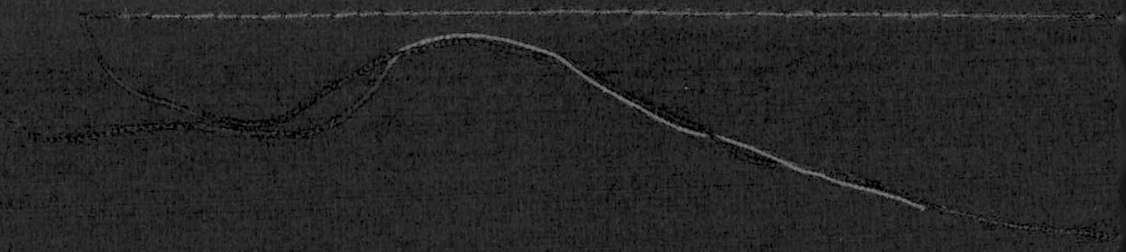

柳州的苗族主要分布在融水苗族自治县和三江侗族自治县。

据传苗族源于古代的“九黎”“三苗”。尧、舜、禹时期九黎部落联盟在长江中下游一带形成新的部落联盟，称“三苗”或“有苗”。其后又迁徙到鄱阳湖、洞庭湖以南的崇山峻岭。沅江流域古有“五溪”之称，该地域在秦汉两朝曾设黔中郡、武陵郡，故活动在这里的苗族便是融水苗族的直接来源。

苗族作为一个古老的迁徙民族，在历史的长河中形成了自己独特且绚丽多彩的服饰风格,其服饰主要由红、黑、白、黄、蓝五色构成。

融水一带苗族服饰大同小异，布料多为青色或紫色家织土布。男装简朴，女装华丽。男性上穿直领对襟短衣，下着大裆长裤，头缠青色长巾，头巾两端以绿丝线滚成锯齿形花边，衣扣以多为美，有的多达13颗。女性上穿无领无扣对衣，齐腰处各缀上一条彩带，交叉系于左腰侧。衣襟、衣脚及袖口有苗锦图案花边。胸部系一块菱形胸围，图案花纹十分精致。下身穿齐膝短裤或加套百褶裙。小腿着脚套，上端系约两寸宽的绸带。头上或包蜡染花头巾，或盘发结髻，插上银簪等；耳戴玉石或银耳环，手戴银饰。20世纪80年代以来，苗族男女青年穿时尚衣装渐多，唯节日才着苗族传统服饰。

项目组服饰采集的影像，可细分为元宝山一带苗族服饰、贝江一带苗族服饰、融江一带苗族服饰、三江侗族自治县苗族服饰等几种不同类型。

◆元宝山一带苗族服饰

元宝山一带苗族传统服饰在制式上、布料制作上均保持着苗族原生态风貌，蜡染工艺独具特色。该区域苗族服饰以少量动植物纹样刺绣饰边，简朴大方。

元宝山一带包括融水苗族自治县安太乡、洞头镇、四荣乡、香粉乡、安陲乡的苗族村寨，红水乡的良双村、良陇村等地。

项目组选取了融水苗族自治县安太乡元宝村整垛屯、四荣乡荣塘村高王屯作为这一区域苗族服饰的影像采集点。

元宝山一带苗族传统服饰一般有便装、常服和盛装之分。便装为上衣下裤制，主要用于劳作穿着和日常穿着，多用土布经蓝靛浸染后缝制而成，色彩素雅，较少装饰和花工，服饰简洁朴实。上衣交领左衽，裤子为宽脚中长裤，系结绑腿，特别适合在南方山间环境中劳作行走（图 3-1）。

元宝村苗族女性常服保持着古老的上衣下裳形制，上衣的衣身结构采用对襟加“拼衽”的方式，穿着时与传统汉服的交领形制类似，前面两襟交叉叠合，用布条扣系而成为左衽（图 3-2）。用带子系结，在明代之前普遍流行。下裳为土布百褶裙。冬装扎围裙。该区域苗族妇女普遍喜爱包黑布和方格蜡染头帕，苗语称为“卡

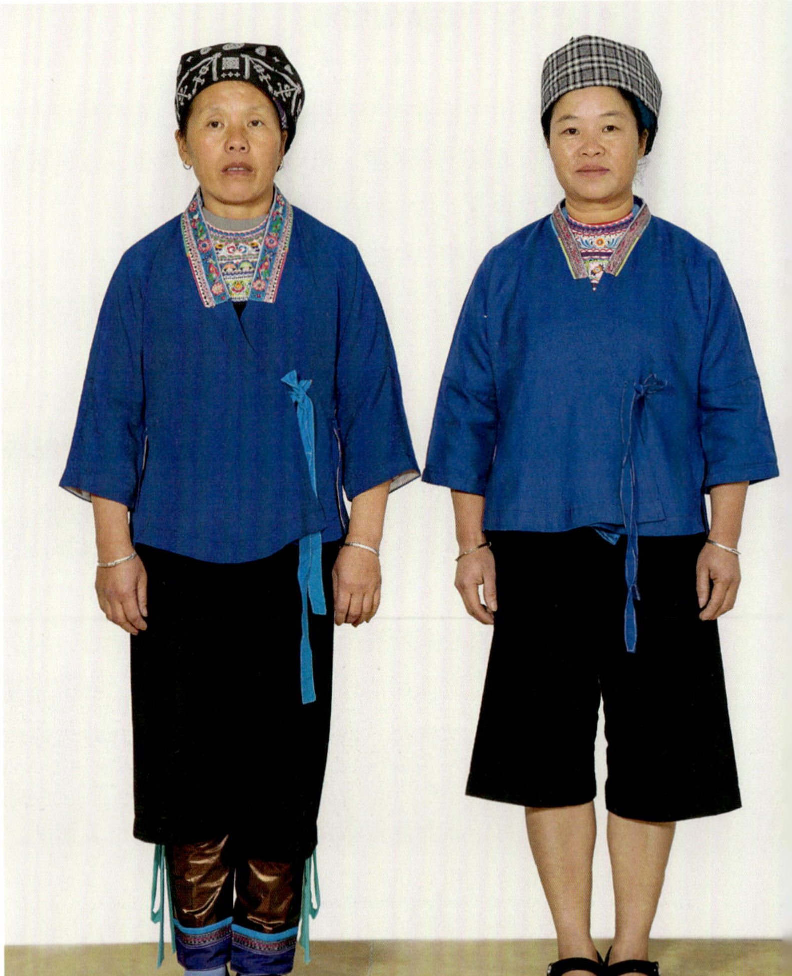

◎ 图 3-1 元宝村整垛屯苗族女性便装 <a>

< b >

◈ 图 3-2 元宝村整垛屯苗族女性常服 < a >

 < b >

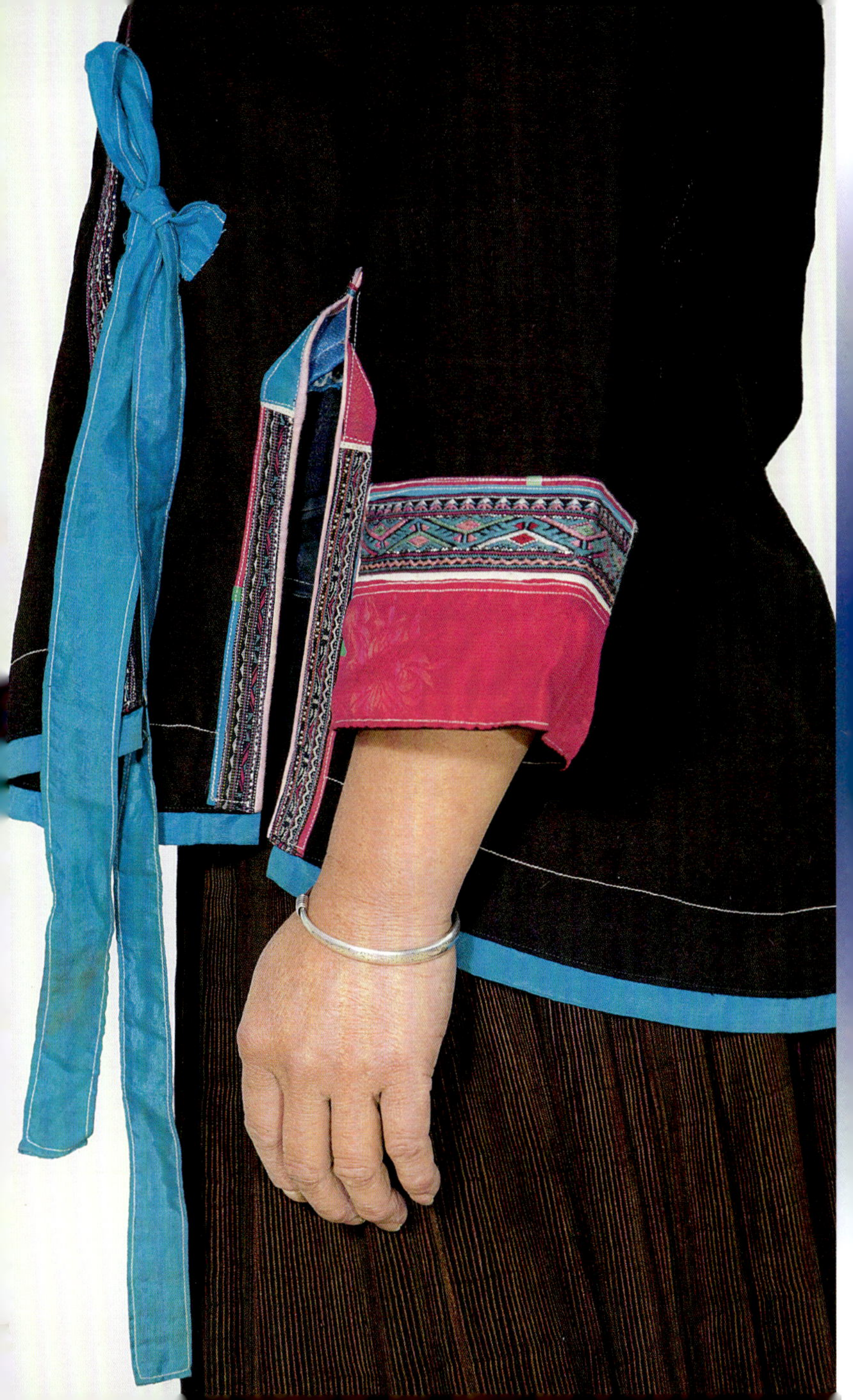

席”（苗语音译）。与便装相比，常服在花工、颜色及佩饰方面更为讲究，在衣领、衣襟、袖口、胸襟等部分更多运用了动植物纹样刺绣。

盛装以亮布衣为主，在过节或举行重大活动时穿着（图 3-3）。亮布是流行于融水、三江一带的极具民族特色的布料，挺拔且有金属光泽，手感发涩，结实耐用，但防水性较差，苗族群众也称亮布为“蛋布”。制作亮布过程复杂，必须经过制染液、发酵、上染、漂洗、捶打、浸染、刷蛋清、复染、复捶、蒸布和晾晒等多道工序，才能制成，制作下来需要一个多月的时间。元宝山一带在布料制作上多采用传统树汁染和蜡染工艺，目前尚有部分中老年妇女制作亮布，她们大多掌握织染、刺绣等手艺。

◇ 图 3-3 元宝村整垛屯苗族女性盛装

< b >

< c >

四荣乡荣塘村高王屯现有3套古老的百鸟衣（图3-4至图3-6），是梁氏家族的遗产。按照当地人的说法，这3套百鸟衣已有400年左右的历史。梁氏家族成员是荣塘村正月初四“嘎直”苗族坡会的创始人和传承者。据当地人介绍，“嘎直”坡会是苗族先民们为祈求风调雨顺、五谷丰登，在今翁牛寨底名叫“嘎直”的地方设立的芦笙坡会。2006年，“苗族系列坡会群”被列入第一批国家级非物质文化遗产名录。每年正月初四坡会，由3位苗族年轻小伙子身穿这3套百鸟衣，带着芦笙队吹着芦笙共跳芦笙舞（图3-7）。这3套百鸟衣的具体制作年代及制作者有待考证，关于制作者有两种说法：一是当地苗族自行制作；二是由融水香粉乡金兰村的瑶族所制作，百年前赠送给高王屯的苗族。

◎ 图3-4 荣塘村高王屯百年百鸟衣（一）

< c >

< d >

< b >

◇ 图 3-5 荣塘村高王屯百年百鸟衣（二） <a>

< b >

◇ 图 3-6 荣塘村高王屯百年百鸟衣（三） <a>

< b >

◈ 图 3-7 身穿百鸟衣的 3 位苗族小伙

◆ 贝江一带苗族服饰

贝江一带的苗族主要分布在融水苗族自治县杆洞乡、滚贝侗族乡、怀宝镇等地的苗族村寨。

贝江一带苗族女性服饰继承了商周时期的上衣下裳形制（图 3-8 至图 3-12），其中，百鸟衣是这一区域最具特色的苗族服饰。杆洞乡一带传统服饰均用亮布制作。学者尹红认为，从亮布的制作、纯手工刺绣技艺等方面来看，杆洞乡杆洞村的服饰完整保存了融水苗族服饰的原生态性，是体现融水苗族服饰的地域特色和整体形貌的典型。杆洞村苗族女性上衣在款式结构、装饰方面与宋代的褙子相似，下裳与宋代妇女常服的下裳有近似之处。

项目组选取了融水苗族自治县杆洞乡杆洞村、党鸠村乌英屯和尧告村作为这一区域苗族服饰的影像采集点。

杆洞乡位于融水的西北部山区，距离县城 140 多公里，与贵州省从江县接壤，远离城市，交通不便，因受现代化影响较晚,服饰上较好地保存了原生态的形制。杆洞村是杆洞乡最大的苗族村，明朝末年，杆洞村的先民先后从湖南、江西、广东、贵州等地迁至杆洞村居住。该地苗族、侗族混居，现杆洞村村民主要讲苗语，老一辈人亦讲侗语、唱侗歌。

◇ 图 3-8 杆洞村苗族女性常服

< a >

< b >

◈ 图 3-9 杆洞村苗族女性盛装

< c >

< e >

< f >

< d >

◇ 图 3-10 杆洞村苗族女性冬季盛装 < a >

< b >

◈ 图 3-11 杆洞村苗族老年女性常服

◇ 图 3-12 杆洞村苗族老年女性冬季常服

图3-13所示百鸟衣为现代百鸟衣(图3-14)的原型，融水苗族聚居地区的现代百鸟衣均参照它而制作。此套百鸟衣是杆洞村罗氏家族祖传之物，当代继承人为罗秀斯。该套百鸟衣制作年代在明末至清中期之间，刺绣精美，多种色彩搭配而又不显杂乱，整体和谐自然、浑然一体，显示出制作者高超的掌控能力，是保存至今为数不多的传统服饰中的珍品。

传说百鸟衣为明末杨氏家族从贵州黎平带来，并逐渐在当地流传。其后当地妇女开始为青年男女特别缝制吹芦笙和跳踩堂舞所用的百鸟衣，百鸟衣也逐渐成为当地苗族群众吹芦笙和跳踩堂舞的专用服。百鸟衣分男装和女装两种(3-15至3-16)。由于历史变迁，加之20世纪50年代杆洞苗寨失火等诸多原因，传统百鸟衣已大多失佚，留存下来的不多，杆洞村仅罗家有一套完整的女装，肖家有一套但已不全。

◇ 图3-13 杆洞村明清时制作苗族女性百鸟衣 < a >

< b >

< c >

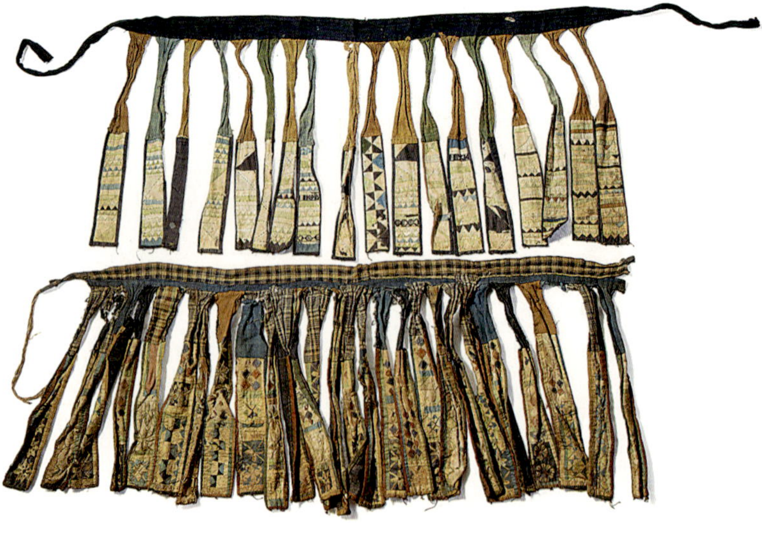

< d >

<e>

<f>

项目组也采集到了贝江一带苗族女性百鸟衣（图3-17）。制作传统百鸟衣需要4种原料：土布（亮布）、土珍珠（野薏米）、五彩丝线、百鸟的羽毛。传统的百鸟衣的制作工艺十分精巧，用五彩丝线在土布上绣成各种花边图案，把珍珠串成珠串，末端插上6至10根羽毛。裙尾、衣脚、衣肩、裙边吊以珍珠串，每件百鸟衣需配68串，每串9颗珍珠，共612颗；每串珍珠末端插10根羽毛，共680根。传统百鸟衣从衣料、染料到服饰上的配件均取材于自然，制作一套百鸟衣要经过制作亮布、绣花、镶边、镶挂羽毛等诸多工序，制作周期约60天，其中绣花需要的时间最长。1949年之前，杆洞村200多户人家只有20多套百鸟衣。

百鸟衣是杆洞村苗族特色服饰，后逐渐传播到融水其他苗族聚居地区（图3-17）。

◇ 图3-14 杆洞村苗族女性百鸟衣（1998年款）

◎ 图 3-15 杆洞村苗族女性百鸟衣 <a>

< b >

< d >

< c >

< e >

◇ 图 3-16 杆洞村苗族男性百鸟衣 < a >

< b >

◇ 图 3-17 贝江一带苗族女性百鸟衣 <a>

 <b>

图 3-18 所示女性盛装为乌英屯苗寨所特有，为 270 多年前清代中期时，由贵州从江县翠里苗寨嫁入乌英苗寨的媳妇带入，日久便成为乌英苗族妇女专用的盛装，其白色百褶裙极具特色。乌英屯的其他款苗族服饰与杆洞屯的苗族服饰基本一致。乌英屯仍有苗族妇女按照传统方法制作亮布。

◈ 图 3-18 党鸠村乌英屯苗族女性盛装 < a >

< b >

< c >

据文献记载，清代至民国初年，融水苗族男性服饰多青布缠头、椎髻，头插雉尾，短衣窄袖，纽扣以多为美，左衽。20 世纪 30 年代后，融水苗族由于与外界的交流增多，融水苗族男性服饰发生了较大变化，改为对襟衣，中山装的特色也被融入传统服装中，上衣有四个口袋。目前杆洞村一带留存的苗族男性服饰款式为民国以后的样式（图 3-19）。

◇ 图 3-19 杆洞村苗族男性常服

◆融江一带苗族服饰

◎融江片区西线一带苗族服饰

融江片区西线一带包括融水苗族自治县良寨乡大里村、苗坪村、归坪村、塘荀村等村，融水苗族自治县拱洞乡培基村、广雄村、高武村、瑶龙村、龙圩村等村，融水苗族自治县大年乡吉格村、高马村等村，融水苗族自治县红水乡高文村、良友村、芝东村等村，三江侗族自治县富禄苗族乡的大顺村、培进村、仁里村、岑牙村等村。这一带的苗族服饰布料以亮布为主（图 3-20 至图 3-23），女性服饰均为对襟或拼衽式交领左衽的上衣下裳制，上衣较短，衣窄袖窄。上衣衣襟处和衣袖处大量运用宽幅纹样刺绣和织锦镶边，肚兜胸口刺绣，腰间左右两侧各扎一条刺绣裙片装饰百褶裙，非常精美。刺绣纹样包括花草鸟蝶、龙、汉字等。

融江片区西线一带苗族服饰与其他区域苗族服饰的一个明显区别，是在裙子外面的腰部两侧各系一个精美刺绣裙片。经调查了解，苗族女装上衣大量运用刺绣兴于 20 世纪 80 年代。

现今该区域苗族中青年女性着盛装时的高翘盘发发型，是在 21 世纪开始流行起来的，是一种佩戴假发的

◇ 图 3-20 大里村苗族女性便装

新造型，由旧时扎髻盘发样式发展而来。传统的苗族扎髻盘发样式，通常插以银簪或花朵进行装饰，目前苗族老年妇女和部分中年妇女仍在采用。融水苗族妇女的传统盘发样式相差不大，与毗邻的三江侗族妇女的盘发样式极为相似。

项目组将融江片区西线一带苗族女服与同处一个地理区域的富禄苗族乡、梅林乡、洞头镇、大年乡一带侗族服饰进行对比，发现这一地理区域的苗族服饰和侗族服饰出现了苗侗服饰文化互融的情况，都是窄衣窄袖，无领对襟，或者交领拼接式左衽，配肚兜和百褶裙，上衣衣襟处和衣袖处大量运用宽幅纹样刺绣和织锦镶边，肚兜胸口刺绣,腰间左右各扎一条刺绣裙片装饰百褶裙。该区域的苗族服饰和侗族服饰仅在细节上有所区别，如侗族上装长于苗族上装等。

苗族、侗族长期以来毗邻而居，民族间交往交流交融程度不断加强并体现在服饰上。这种苗侗之间的服饰相互影响和融合，在柳州及黔东南地区普遍存在。

项目组选取了融水苗族自治县良寨乡大里村污吞屯和大年乡吉格村作为这一片区的苗族服饰影像的采集点。

◇ 图 3-21 大里村苗族女性盛装

语花香
北京
熟能生巧

< c >

< b >

< a >

< b >

◈ 图 3-22 吉格村苗族女性盛装

< c >

◎ 融江片区东线一带苗族服饰

融江片区东线一带包括融水苗族自治县拱洞乡的洋鸟村、龙培村、大沟村等村，融水苗族自治县白云乡的苗族村寨，三江侗族自治县良口乡的孟龙村、洋溪乡的玉民村等。这一带的苗族女性服饰分便装和盛装，传统服饰以土布和亮布为材料，上衣宽衣大袖。

这一区域盛装的主要特点为对襟式上衣,宽衣大袖，衣襟、袖口、下摆处用织锦花带装饰，衣袖上用条状冷色调布带交错装饰，腰部用腰带束扎。上衣及百褶裙、绑腿均采用亮布制作，具有强烈的金属感，与精致的银器头饰、胸饰相配，闪闪发亮，整套服饰极富视觉冲击力（图 3-24 至图 3-25）。

项目组选取了融水苗族自治县拱洞乡的洋鸟村、白云乡的龙岑村以及三江侗族自治县洋溪乡的玉民村作为这一区域苗族服饰的影像采集点。

◈ 图 3-23 吉格村苗族男性常服上衣

◇ 图 3-24 洋乌村苗族女性盛装上衣

◈ 图 3-25 洋鸟村苗族女性盛装 <a>

<b>

图 3-26 所示苗族服饰是柳州苗族聚集区中保留下来的为数不多的百年老服饰，由洋鸟村中屯杨家留存，原为杨家一位已逝的百岁苗族老人在其 16 岁时自行制作并穿着，图中着衣者为其孙女。按此位百岁苗族老人的年龄来推算，此套苗族服饰制作时间应在清末或民国初年。

此套服饰上衣为典型的“十”字型结构，较为素雅，无太多的刺绣和装饰，考虑到祖孙之间的身高差距，该件上衣衣身对原主人而言属于长衣，宽衣大袖，结构上与宋代的褙子相似。

这种宽衣大袖，下裙、上衣无太多刺绣的服饰，是融江片区东线一带苗族女性服饰从晚清至 20 世纪 70 年代的服饰样态。

< a >

< b >

◇ 图 3-26 洋鸟村苗族百年女性常服

< c >

图 3-27 所示的苗族服饰上衣制作于 20 世纪 80 年代，保持着“十”字型结构，规整对称，后中断缝。衣袖和衣襟、下摆处施以大量彩色刺绣和织锦装饰，条状色带刺绣和织锦比例协调，在色彩上以蓝、青、绿等冷色调为主。这种在衣袖、衣襟和下摆处施以大量彩色刺绣的手法，兴于 20 世纪 80 年代，并逐渐成为当地中青年妇女服饰装饰的主流，近年来苗族服饰中的刺绣面积有越来越大的趋势。

项目组同时还采集到了该区域女童（图 3-28）与男性（图 3-29）常服的影像资料。

◇ 图 3-27 洋鸟村苗族女性盛装

◈ 图 3-28 洋乌村苗族女童常服 <a>

< b >

◇ 图 3-29 洋鸟村苗族男性常服上衣

◇ 图 3-30 玉民村苗族老年女性夏季常服

三江侗族自治县洋溪乡玉民村与融水苗族自治县拱洞乡洋鸟村毗邻，该村 60 岁以上苗族妇女所着的常服，保存着融江片区东线一带自晚清以来的苗族服饰样式（图 3-30）。

融江片区东线一带苗族妇女的头帕造型独特，头帕的外形与围裙相似，由亮布制成，类似于小的百褶裙，在顶部两端缝制两条长带（图 3-31）。戴头帕时，先行扎髻，将头帕从头顶往下披，将头帕顶部长带在前额处交叉，然后将交叉后的两条长带围于脑后并系结，再将披于肩上的头帕翻入脑后系扎。这种头帕造型在融江流域年纪稍长的苗族妇女中广为流传。项目组在影像采集调查过程中，发现在三江侗族自治县富禄苗族乡一带，60 岁以上的侗族妇女也有此造型的头帕。

◇ 图 3-31 玉民村苗族女性头帕

◈ 图 3-33 龙岑村苗族女性盛装（一）　< a >

三江侗族自治县洋溪乡玉民村与融水苗族自治县拱洞乡洋鸟村毗邻，该村60岁以上苗族妇女所着的常服，保存着融江片区东线一带自晚清以来的苗族服饰样式（图3-30）。

融江片区东线一带苗族妇女的头帕造型独特，头帕的外形与围裙相似，由亮布制成，类似于小的百褶裙，在顶部两端缝制两条长带（图3-31）。戴头帕时，先行扎髻，将头帕从头顶往下披，将头帕顶部长带在前额处交叉，然后将交叉后的两条长带围于脑后并系结，再将披于肩上的头帕翻入脑后系扎。这种头帕造型在融江流域年纪稍长的苗族妇女中广为流传。项目组在影像采集调查过程中，发现在三江侗族自治县富禄苗族乡一带，60岁以上的侗族妇女也有此造型的头帕。

◇ 图3-31 玉民村苗族女性头帕

图 3-32 所示的秋冬常服从头帕到裙子、绑腿均为同一个色系，其上衣为左衽交领，宽衣大袖，在开衩处和门襟里侧线位置各自缝有布带，用布带系结形成拼接式的左衽，保存了相对古老的先秦时期“拥掩束衣”的方式。

融水苗族自治县白云乡龙岑村苗族女性盛装（图 3-33 至图 3-35）上衣为对襟或拼接式交领左衽，宽衣大袖，与洋鸟村苗族女性盛装的主要区别在于衣袖上的装饰位置不同，龙岑村苗族女性服装的装饰主要位于衣袖的中段，而洋鸟村苗族女性服装的装饰主要位于衣袖的中下段，且上衣下摆处的装饰色带更为宽大。这种同一区域不同村屯之间的服饰细微差别，广泛存在于苗族聚居地区，服饰上的差别也成为不同村屯之间的识别标志之一。

项目组同时还采集了龙岑村苗族男性常服（图 3-36）的影像资料。

◈ 图 3-32 玉民村苗族女性秋冬常服

◈ 图 3-33 龙岑村苗族女性盛装（一） <a>

< b >

< b >

< c >

◇ 图 3-34 龙岑村苗族女性盛装（二）

< a >

◈ 图 3-35 龙岑村苗族女性盛装（三）

◈ 图 3-36 龙岑村苗族男性常服

<c>

< a >

◇ 图 3-64 融水苗族蜡染

< b >

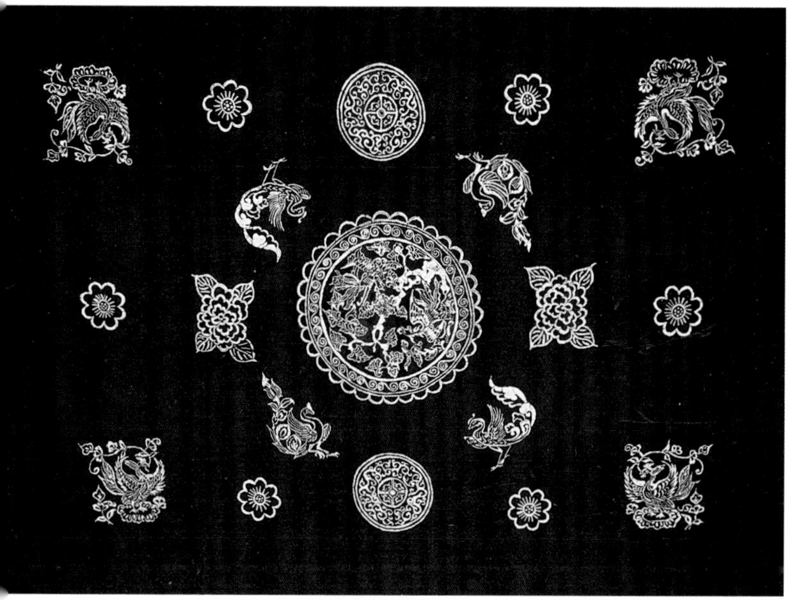

< c >

< d >

扎染也是融水苗族的传统染色工艺，染料与蜡染相同，其特点为布料不是靠蜡来做防染剂，而是依靠绳子来捆扎一部分布料，然后将其放入染料中。被扎住的部分不能着色，其他部分放入染料中变成与染料一致的颜色。捆扎部分也由于蓝靛液的渗透形成了颜色的过渡。由于染液渗润的缘故，有的花纹还带有自然形成的色晕，别有一番意趣（图 3-64）。

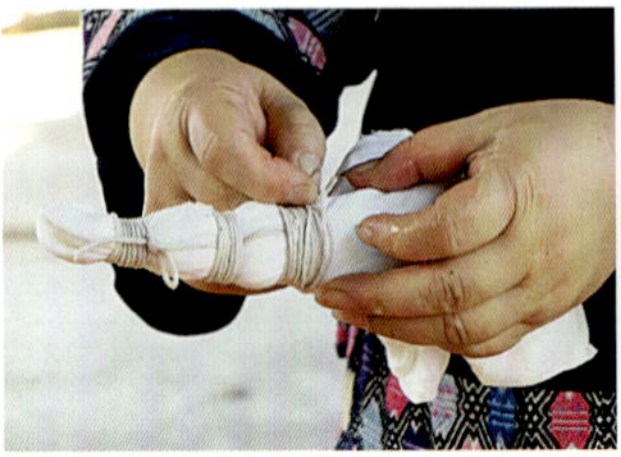

< a >

< b >

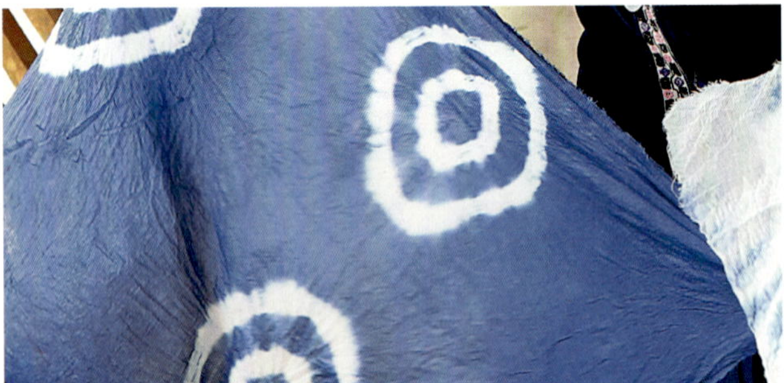

◇ 图 3-65 融水苗族扎染

< c >

◎ 苗族布料

项目组还采集了融水苗族民众使用的几种布料的影像资料（图 3-66 至图 3-68）。

◇ 图 3-66 融水苗族蓝靛粗布（上图）
◇ 图 3-67 融水苗族亮布（软）（中图）
◇ 图 3-68 融水苗族亮布（硬）（下图）

◎ 苗族银饰

银饰是融水、三江一带苗族服饰中不可缺少的配饰，有“无银饰不成盛装”之说。从明代开始，各类文献中频繁出现苗族穿戴银饰的记录。因明朝加强了对苗族聚居地区的开发，苗族聚居地区与外界的政治、经济交流日益频繁，这使得白银逐渐在苗族聚居地区大量流通，这为加工银饰品提供了条件。融水苗族的银饰款式和搭配方式从清代开始就稳定下来，到了民国时期则更为丰富。

项目组采集到了部分苗族银饰的影像资料（图 3-69 至 3-80）。

苗族银饰主要具备实用价值、审美价值和社会价值。在柳州苗族社会里，银饰有五个方面的功能。一是彰显财富。历史上不断迁徙的苗族，为了方便携带，习惯把身家财产转变为白银，打造成各种银饰，装饰在盛装上，以彰显家底的殷实。二是装饰外表。银饰最主要的作用在于与服饰、发型等的搭配上，体现外在美。三是识别身份，银饰具有显示佩戴者婚否和年龄的功能。一般年轻未婚姑娘佩戴最多，种类和样式最为繁复；成婚后的新妇佩戴的饰品种类要比前者少；与新妇相比，中年女性佩戴的饰品更少，老年女性则只戴一两样饰品或不戴。在融水苗族自治县杆洞乡杆洞村杆洞屯，苗族的婚礼上

◇ 图 3-69 苗族银头帽（一）

只有新娘才可以佩戴银饰。四是作为定情信物。苗族青年男女到了谈婚论嫁之时，银饰则作为双方喜结连理的见证物。五是驱邪避恶。苗族人相信银器能够驱邪避恶，可以抵御一切妖魔。柳州苗族银饰采取女性传承的方式，即母亲传给女儿，当女儿结婚生子成为母亲后，再传给自己的女儿，代代相传。

融水、三江一带的苗族银饰，按照穿戴部位划分，可分为头饰、手饰、胸颈饰和腰坠饰几类。头饰主要有银角、银头帽、银头圈、银发簪、银网链、银耳环、银童帽等，手饰主要有银手镯、银戒指，胸颈饰主要有银项圈、银项链、银胸牌，腰坠饰主要为银腰吊坠。融水、三江的苗族在银饰的设计、服饰的搭配上尤其下功夫，服饰和银饰通常按照不同品质、不同场合和不同款式来选择搭配。对称性是融水、三江一带苗族银饰设计的重要原则，对比与统一是融水、三江苗族银饰装饰艺术中的特点，表现为同一素材和不同素材之间的大小、主次、刚柔等的对比与统一。

◎ 图 3-70 苗族银头帽（二）

◎ 图 3-71 融水苗族银头帽（上图）
◎ 图 3-72 融水苗族银手镯（下图）

◇ 图 3-73 融水苗族银簪（上图）

◇ 图 3-74 融水苗族银龙项圈（下图）

< a >

< b >

◈ 图 3-75 苗族银头帽（三）（左页图）

◈ 图 3-76 融水苗族银项链（右页图）

银胸牌是融水苗族女性服饰的装饰重点，融水本地最具特色的银饰就是胸牌（图 3-77）。胸牌是指从颈部到衣摆的一长串银饰，胸牌上主要由蝴蝶牌、寿字牌和十种兵器组成，由银链拴接，细节处有鸟纹、鱼纹、花朵纹和螺旋纹等，这是融水苗族所特有的装饰物件。从视觉效果来说，它拉长了女性身形，使女性更显苗条纤细。更重要的是，它保留了祖先的印记，是融水苗族支系的独特标志。

融水苗族的银胸牌中，以拱洞乡的胸牌种类最为丰富，而且历史最久。胸牌主体纹样一般为三层，组合类型分为四种，蝴蝶组合、蝶—鱼—蝶组合、鸟—寿—蝶组合、鱼—铜鼓—蝶组合，每层之间用银链连接。

元宝山一带（图 3-78）以双狮双龙纹银胸牌最为常见，一般分为上、中、下三部分，上部为双股银链，通过蝴蝶银扣与中部连接，中部是腰子形银牌，正面为双龙戏珠浮雕、双狮滚球纹，下部为蝴蝶、喇叭花、古钱和响铃吊坠。

贝江一带的银胸牌（图 3-79）分为三层，以银链相连，以蝴蝶组合、鸟蝶组合为主。

◇ 图 3-77 融水融江一带苗族银胸牌

◇ 图 3-78 融水元宝山一带苗族银胸牌

◇ 图 3-79 融水贝江一带苗族银胸牌

银腰吊坠佩于腰部两侧，一般由三个银牌连接而成，纹样多以蝶、鸟、鱼、花、龙为题材。

◇ 图 3-80 融水苗族银腰吊坠

第四章

侗族服饰

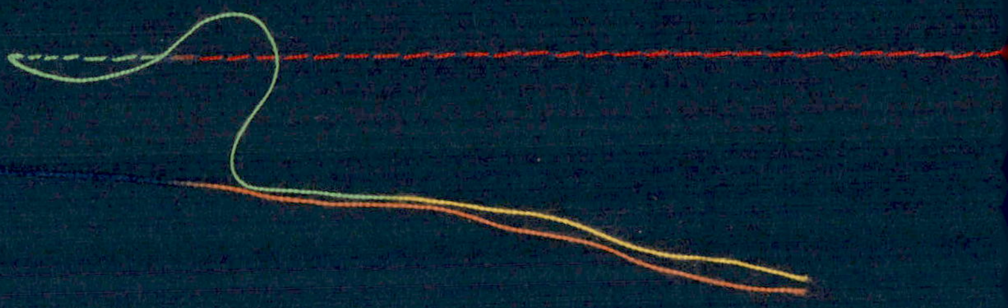

罗汉首插雉羽，椎髻裹以木梳，着半边花袖衫，有裤无裙，衫最短，裤最长。女子挽偏髻，插长簪，花衫、耳环、手镯与男子同。有裙无裤，裙最短，露其膝，胸前裹肚，以银钱缀之，男女各徒跣。

——《粤西丛载》

柳州的侗族主要分布在三江侗族自治县和融水苗族自治县。三江地区侗族主要居住在良口乡、洋溪乡、富禄苗族乡、梅林乡、八江镇、同乐苗族乡、独峒镇、林溪镇等乡镇。融水地区的侗族主要分布在滚贝侗族乡、怀宝镇、四荣乡、安太乡、大年乡、拱洞乡、良寨乡、洞头镇、汪洞乡、安陲乡等乡镇。

侗族服饰所包括的贯首装、长袍、翘头鞋、细袖、半袖、披肩、褙子、琵琶襟、无领、围腰、绑腿、凤尾裙等款型历史悠久，堪称侗族文化的活化石。在中国服装史上，贯首装是新石器时代出现的定型服饰；翘头鞋、披肩在汉代即有，唐、宋、明、清等朝代一直流传；细袖、半袖在南北朝已出现；褙子在两宋时代已流行；琵琶襟是清代款式；无领、围腰、绑腿、凤尾裙等也属于古代服饰遗存。总体上讲，侗族服饰善于接纳不同风格，同时能够融合各种服饰的特征并传承至今。

侗族服饰起到非文字史书的作用。侗族服饰图案承载着农业经济的印记，是侗族农耕文化和交往习俗的缩影，也是侗族民间信仰的展现。同时，侗族服饰文化主要以女性文化为基础，无论是在侗族服饰的审美、制作，还是在侗族服饰的文化内涵上，女性都扮演着核心的角色。

侗族服饰在侗族社会中还具有道德规范的功能。服饰作为身份标识符号，有利于调适成员关系，增强族群意识，凝聚人心，起到与侗款类似的组织作用，它在潜移默化中维持侗族社会的稳定，保持人与人之间关系的和谐。如三江侗族将女性服饰分为未婚、已婚两个类型，每个类型的服饰有其特点，未婚女性的服饰较为华丽，已婚女性的服饰较为朴素。

柳州范围内的侗族喜紫红、黑、白、青、蓝等颜色。黑色多用于春、秋、冬三季的服饰，蓝色、青色、白色多用于夏季服饰。柳州侗族女性传统服饰主要使用自制的布料，讲究色彩配合，通常以一种颜色为主，相邻色为次，再用对比色装饰，主次分明，色调明快；以长衣短裙为主、长衣宽裤为辅。不同服饰制作过程大同小异，但造型、款式及装饰各有千秋。

项目组根据本次影像采集结果，将柳州侗族服饰分为 4 个区域，即三江北部侗族服饰、溶江流域侗族服饰、三江西部侗族服饰、融水西南部侗族服饰。

◆ 三江北部侗族服饰

三江侗族自治县北部的林溪镇、独峒镇、八江镇等乡镇侗族，其服饰造型主要是交襟衣和对襟衣，以紫红色和蓝色为主色调，以天然朴质、衣料精细、染色牢固、款式简洁、穿着宽松为主要特征。绣花缀边较少，下装多为短裙或长筒裤。侗族妇女精于纺织与靛染，女性服饰袖口为蓝色或白色，衬衣短露一小节，对比性强，主次分明，色调明快。依据山脉走向、水资源分布情况及服饰特征等，三江北部侗族服饰又可细分为浔江流域侗族服饰和苗江流域侗族服饰。

◎ 浔江流域侗族服饰

浔江流域侗族服饰以女装无领交襟左衽型服装为代表，并可细分为林溪一带和八江一带两个区域。

总体上来说，浔江流域侗族服饰与毗邻的湖南省通道县皇都村以南的坪坦河流域的侗族服饰十分相似，区别在于坪坦河流域侗族服饰的头饰趋于简化。受中原文化的影响，在浔江流域和坪坦河流域内形成了中国南北服饰的融合形制——无领交襟型服装。无领交襟型侗族服饰上衣领口针对人体颈部形状留出“V”字型空间，左右两片前门襟各拼接三角形衽角，用来满足相交的拥掩量。而在实际穿着时，不适体的“十”字型平面结构服装在裁剪上并未考虑女性胸部、腹部的曲线变化，但该区域侗族妇女在前门襟和侧缝靠近腰线的位置分别缝上系带。这种看似简单原始的设计方法，却能达到纽扣无法比拟的效果，系带可长可短，方便左衽进行伸展或收缩，使服装能够不受人体胖瘦的限制。这种方法巧妙地利用错位扣接处理好平面型服装与前胸、腹部的立体关系，充分显示了侗族妇女的智慧。

1. 林溪一带侗族服饰

林溪一带包括三江侗族自治县林溪镇的美俗村、水团村、林溪村、高秀村、高友村、冠洞村、平岩村、程阳村、平铺村、合华村、枫木村、弄团村等村寨。其中，美俗村侗族服饰保存较为完好。

20 世纪 30 年代以前，林溪一带侗族女性的服装形制主要为上衣下裳，下装为百褶裙和绑腿。经过民国时期的风俗改良活动后，林溪一带的侗族妇女开始改穿裤装。因此，如今在林溪一带见到的侗族服装大多为上衣下裤式，即上身穿左衽交襟衣，下身着宽长裤。20 世纪 80 年代以后，受周边八江镇、独峒镇、同乐苗族乡一带侗族、苗族上衣下裳制的影响，当地侗族妇女逐渐改穿百褶裙，但在婚礼等盛事时，当地多数村寨侗族妇女仍着上衣下裤。林溪一带侗族女性服饰上衣袖口向上挽折，露出或白袖或紫红色袖或蓝色袖作为装饰。上衣左衽、交襟、无扣，衣襟以同色布绲边，用带子扣系。林溪一带侗族女性服饰上衣左衽、无扣、用布带扣系等特点显示了这些服饰的传统特征。

项目组选取了三江侗族自治县林溪镇美俗村、高秀村、冠洞村、平岩村、程阳村作为这一区域的侗族服饰的影像采集点。

< a >

◇ 图 4-1 美俗村侗族女性春秋冬常服上衣

< b >

图4-1所示上衣为美俗村新制成的衣服，以紫檀色侗布制作而成。其中第二件因为久经穿着和洗涤，颜色褪为蓝靛色。美俗村侗族群众着冬装时，一般内着蓝色或白色衣服。

时至今日，以美俗村和高秀村为代表的林溪一带的侗族妇女，其服装形制依然是中国传统南北服饰的融合形制——无领斜襟型。无领斜襟型服装宽衣大袖，带有明显的北方传统服饰特色，而左衽则为百越族群的传统样式。领口按人体颈部形状留出“V”字型空间，无衣领，两片衽角均为斜裁。这种裁剪手法是整幅布料沿对角线裁剪，不仅保持了布料的完整性，也兼顾了节俭。领口开口大小各地不同，左右衽在前中线位置相交，拼接三角形衽角，襟线从领部斜向左腹部为左衽。交襟左衽式上衣展开后规整且对称，前后中心破缝，肩头不破缝，前后衣片相连，通身只在侧缝缝合。袖子为接袖结构，宽大尽显古风，袖长七分，从腕部翻挽三折。

美俗村位于林溪镇北部，村中共有杨、吴、粟、龙、石、陆六个姓氏。按照当地人的说法，最早迁入的是吴氏祖先，从江西迁来；其后杨、粟、龙、石、陆等姓氏祖先，分别从湖南通道、三江古宜等地先后迁入。项目组在进行服饰影像采集和田野调查中发现，美俗村侗族服饰保存完好，在浔江流域片区中具有典型性。

美俗村仍在用传统方法制作侗布。该村妇女从市场购入棉花后，再自行使用传统工艺制作侗布。一位侗族妇女平均一年可制作 5 匹布，每匹布约 80 多米长。

据了解，在 20 世纪 60 年代之前，美俗村侗族男性仍着斜襟右衽上衣；20 世纪 60 年代至 80 年代，在林溪河流域大多数侗族女性均已换成裤装的情况下，美俗村中老年侗族女性仍然着裙装和绑脚，脚穿船形布鞋。美俗村侗族女性服饰一直保持着上衣下裳的形制，男性服饰则继承了延续几百年的百鸟衣和武士装，保持了原生态。

美俗村侗族女性夏季盛装（图 4-2）在上衣两侧开衩处各绣有一条红色首尾的虫子，寓意为身着此服的侗族女性充满阳光活力和无限生机。旧时夏装布料为侗族妇女自行纺织制作而成，以白色布料为主，亦有自染的青蓝色布料，现今流行的蓝色布料多从市场购入。

◈ 图 4-2 美俗村侗族女性夏季盛装 < a >

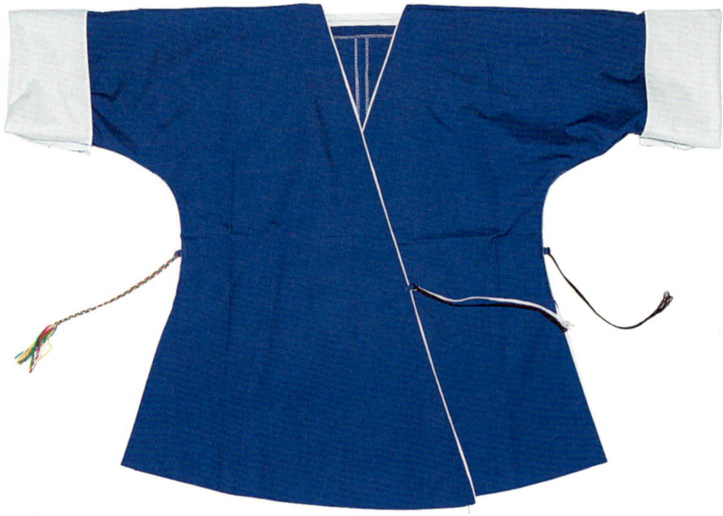

< b >

< c >

< d >

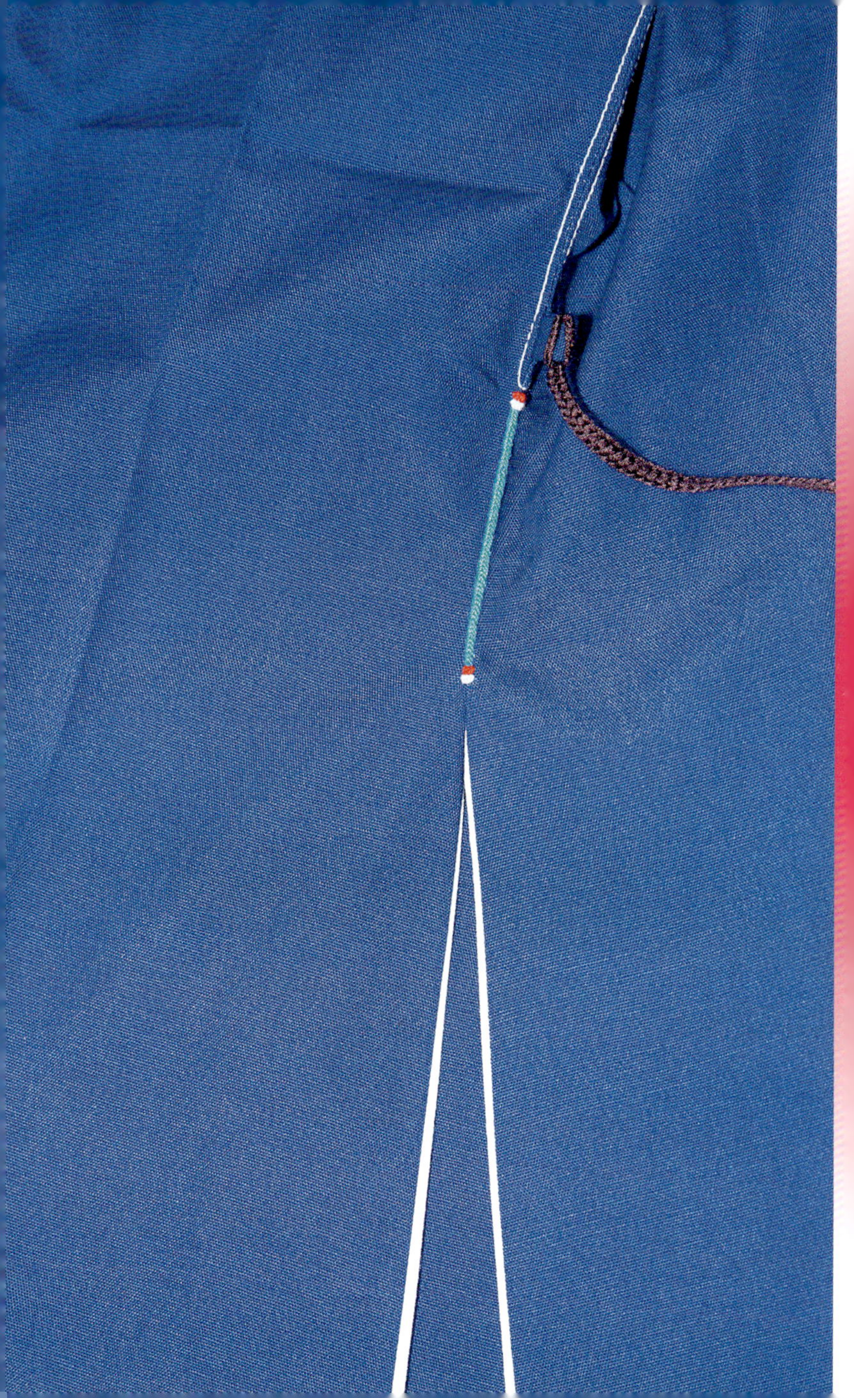

美俗村侗族妇女内着的五边形银链胸兜（图 4-3），黑色，无花纹，无任何刺绣，保持着古朴的形态。

项目组还采集到了高秀村侗族女性服饰（图 4-4 至图 4-5）、程阳八寨女性服饰（图 4-6 至图 4-7）、冠洞村侗族中老年女性服饰（图 4-8）、平岩村侗族男性服饰（图 4-9）及程阳八寨侗族男性服饰（图 4-10）的影像资料。

◇ 图 4-3 美俗村侗族女性胸兜（上图）

◇ 图 4-4 高秀村侗族女性夏季盛装（右页图）

‹a›

< b >

< c >

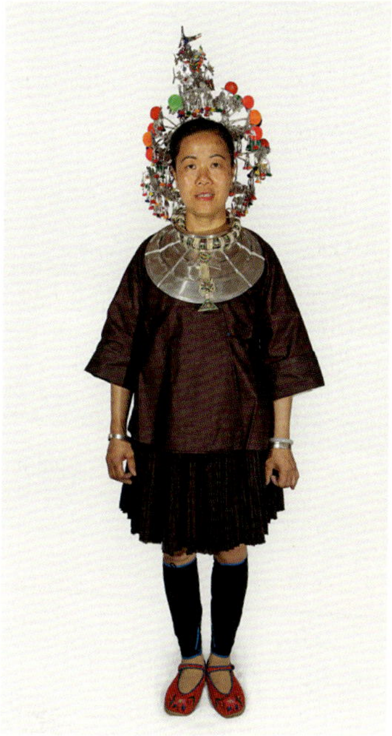

< b >

< c >

◈ 图 4-5 高秀村侗族春秋冬盛装

< a >

< b >

< c >

◇ 图 4-6 程阳八寨侗族女性春秋冬常服

< a >

林溪一带侗族女性服装简单，风格较为古朴，上衣下裙，极少刺绣，最醒目之处在于盛装的花冠头饰和颈饰。花冠头饰以凤鸟、蝴蝶、绒球和花卉为主，花卉与蝴蝶衬托凤鸟立于花冠顶端，富有立体感，头饰左右两边各有花卉与绒球交错，用银枝相连，穗饰垂挂，随着走路而摆动。颈饰为一个珐琅项圈和三层银盘，几乎覆盖整个肩部，巨大银盘衬托着花冠的艳丽之美，为朴素的衣装增添了绚丽的色彩。

裤装是如今侗族男女日常生活中常见的下装类型。旧时侗寨女性普遍为上衣下裳制，穿裙装，在经历了清代道光年间和民国时期两次较大的服饰变化后，侗族女性逐渐改穿筒裤，仅有部分偏僻侗寨保留了穿裙装的传统。

◈ 图 4-7 程阳八寨侗族女性夏季常服

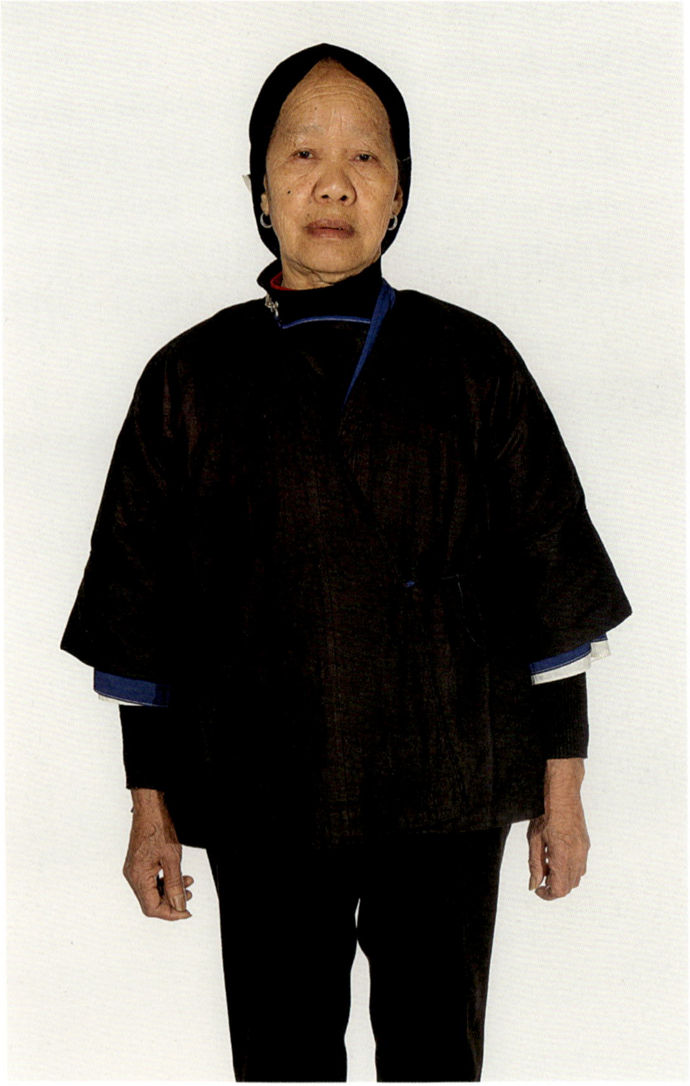

◈ 图 4-8 冠洞村侗族中老年女性常服

◈ 图 4-9 平岩村侗族男性常服

◈ 图 4-10 程阳八寨侗族男性夏季常服

项目组采集到了林溪一带冠洞村、美俗村及程阳八寨的部分侗族男性服饰盛装（图 4-11 至图 4-14）。

林溪一带侗族男性参加“花炮节”活动的盛装又称“武士装”。图 4-14 所示的是程阳八寨侗族男性武士装，男性头盘紫檀色侗帕，穿紫檀色直领对襟上衣，用紫檀色侗布作为腰带，腰带两头形成拖至脚后跟的飘带；下装是挽至膝的白筒裤，扎黑色绣花绑腿，脚穿黑布鞋。戴一个银项圈，用银链背一个绣花荷包和一个小葫芦，荷包装火镰、冲条，葫芦装火药，葫芦上系一条白毛巾。这种武士装极具特色，颜色对比鲜明，既能显示男性威武刚强的气概，又能体现他们开朗潇洒的性格。

◈ 图 4-11 冠洞村侗族男性夏季盛装

◇ 图 4-12 冠洞村侗族男性冬季盛装（武士装）

◎ 图 4-13 美俗村侗族男性盛装（武士装）

◈ 图 4-14 程阳八寨侗族男性武士装

百鸟衣又称凤尾裙、鸡尾服等，为侗族男性参加芦笙踩堂等大型活动时穿着的盛装。

现在节庆活动中男性所穿的百鸟衣是古代侗族男性裙装的风俗遗存，古代侗族男性裙装源自唐宋流行在中原地区的服饰，系东汉时一般汉族男性所穿直裙演变而成，在元代之后被侗族所吸收。百鸟衣由刺绣裙条镶成，裙条纹样以花鸟为主，每片裙条下缀一撮羽毛，与专用的对襟短褂或斜襟衣相配。各地百鸟衣大同小异，变化在于：一是裙与衣是否相连，连衣裙直接将裙条镶在衣摆，分体裙是将裙条缀在一条花带上；二是裙条的粗细和数量不同；三是图案纹样和羽毛缀子做法不同。历史上壮族、苗族等南方少数民族都有百鸟衣，三江侗族百鸟衣以林溪镇美俗村、合华村大田屯和独峒镇独峒村的最为典型。

林溪镇侗族百鸟衣原为美俗村和合华村大田屯侗族所独有和传承而来，是这两个侗族村寨男性在进行“为也（月也）”活动、芦笙踩堂时所穿，后在林溪一带各侗族村寨流行。

美俗村侗族男性百鸟衣（图 4-15）为该村侗族世代传承而来，应为三江一带侗族百鸟衣的原型。

◇ 图 4-15 美俗村侗族男性百鸟衣 <a>

< c >

< d >

< b >

美俗村侗族男子在前往其他侗族村寨进行“为也”活动时，由一位身着百鸟衣的寨老在队伍前带队，并手持宝剑（寓意为避邪）开路进村，其他侗族男性穿百鸟衣吹芦笙随后。

项目组在进行服饰影像采集时，发现美俗村仍保存有二十多套百鸟衣，并有两套新的百鸟衣正在手工制作中。该村侗族妇女仍然保持着自行织造土布和刺绣的传统，百鸟衣均为全手工制作。七八位侗族妇女在织好侗布的基础上，协作约半个月时间，制作绣片和串珠美羽，方可完成一套百鸟衣。整套百鸟衣华丽精美，为侗族服饰的珍品。

冠洞村侗族芦笙队在1993年曾到北京进行侗族文化展示。出行前，该村侗族妇女在参考了美俗村和合华村大田屯百鸟衣的基础上，手工为芦笙队制作了十多套各具特色的百鸟衣。这批百鸟衣制作精美，是侗族服饰中为数不多的珍品。此后该村百鸟衣不断被外地服饰爱好者购买收藏。目前冠洞村仅留存有三套传统手工百鸟衣，分别为冠小屯杨家一套、石家一套及冠大屯石家一套。图4-16为冠小屯杨家所保存的百鸟衣，当年四位侗族妇女共同协作，在织好的土布上进行刺绣拼缀，共费时一个月才制作而成。

程阳八寨一带侗族百鸟衣上衣为对襟衣（图4-17），目前所见的百鸟衣基本为机织土布制作而成。

◇ 图4-16 冠洞村侗族男性百鸟衣 < a >

< b >

< c >

< d >

< e >

2. 八江一带侗族服饰

八江一带包括三江侗族自治县八江镇的八江村、布央村、福田村、高迈村、归令村、马胖村、平善村、塘水村、岩脚村、三团村、八斗村等村寨。

八江一带的侗族女性传统服饰多为上衣下裳制。上衣为交襟左衽，衣身宽大，无领无扣，衣长及臀，衣身两侧从腰围线开衩，门襟拼衽角，形制宽松随意。八江一带侗族女性夏装与湖南通道侗族自治县坪坦乡横岭村侗族女性夏装上衣一致，不同之处在于八江一带的下装为百褶裙和绑腿。

项目组选取了三江侗族自治县八江镇岩脚村作为这一区域的侗族服饰的影像采集点。

◈ 图 4-17 程阳八寨侗族男性百鸟衣

图 4-18 所示服饰为八江一带侗族妇女传统服饰的原型。据项目组调查，在 20 世纪 60 年代之前，无论春夏秋冬，八江一带侗族妇女仅有此一款上衣下裳式侗族服饰，布料为自织自染，颜色为紫檀色或黑色，夏装与冬装的唯一区别在于布料的厚薄程度。八江一带侗族妇女所着的白色长袜子，是她们自织自编而成，套在绑腿上，搭配各类鞋型都十分协调，这也是这一带的侗族女性所独有的服饰构件。

20 世纪 60 年代后，八江一带侗族妇女开始自织自染蓝色土布料（图 4-19），用于制作上衣，蓝色上衣逐渐在八江一带流行。这一带侗族妇女也同步用土布制作宽筒长裤搭配蓝色上衣穿着，上衣下裤制也开始流行于八江一带。

侗族对襟男装，以马褂为主，其次为马甲。侗族男性马褂为小立领、对襟、长袖、蜈蚣式布扣，腋下衣摆开衩；马甲无袖，无领或有领（图 4-20）。两款均以紫檀色、黑色、白色居多，是侗族男性上装主要款式。

◇ 图 4-18 岩脚村侗族女性春秋冬常服（一）

◈ 图 4-19 岩脚村侗族女性春秋冬常服（二）

◇ 图 4-20 岩脚村侗族男性常服

◎ 苗江流域侗族服饰

苗江流域侗族主要集中在三江侗族自治县独峒镇一带，包括独峒镇独峒村、干冲村、高定村、平流村、林略村、牙寨村、高亚村、八协村、里盘村、岜团村等。

苗江流域的侗族服饰与浔江流域林溪、八江一带侗族服饰的有明显区别。女性春夏秋装为无领无扣对襟服，胸兜外露。夏季常服为湖蓝色与白色成套的直领对襟上衣，敞怀不系扣，衣长及臀，袖长及腕且窄，两侧开衩。冬装以左衽大襟为主，衣长掩臀，袖长至腕，向上翻折成中袖，系围裙，穿着时从里到外层层套穿，以五件、七件或九件（单数）为一套。在侗族的观念中，单数是“活数”，即虚表，可理解为“多”，寓意“无限”。当五件上衣叠穿时，里层衣服最长、外层衣服最短，每层衣服都能露出下摆边，一层一层的衣缘错落有致。苗江流域侗族女性服饰一直保持着上衣下裳制传统，具有悠久的历史。妇女普遍头戴白色头帕，这是当地侗族的标志性头饰。

项目组选取了三江侗族自治县独峒镇独峒村、干冲村作为苗江流域侗族服饰的影像采集点，具体图像资料见图 4-21 至图 4-26。

◇ 图 4-21 独峒村侗族女性春夏秋常服

苗江流域侗族对襟女装类似褙子。在中国服装史上，褙子男女都穿，在宋代和明代盛行，清代以后逐渐演变为女性服饰。苗江流域侗族对襟上衣为无扣、无领对襟衣，腋下衣摆开衩，有半臂（半袖）也有长袖。半臂衣袖稍宽，长袖衣袖细窄。有短款也有长款。各种颜色都有，深色作冬服，浅色作夏服，颜色有紫檀色、蓝色、黑色和白色。紫檀色最常见，其余各色少一些。

◎ 图 4-22 独峒村侗族女性夏季常服 < a >

< b >

◇ 图 4-23 干冲村侗族女性春秋常服

◎ 图 4-24 干冲村侗族女性冬季常服

◇ 图 4-25 独峒村侗族女性冬季常服

独峒村侗族男性百鸟衣采用土布全手工制作，属侗族刺绣中的精品，制作一套要两三个月工时。独峒村仍有 20 多位 70 岁以上侗族妇女掌握制作方法，而 60 岁以下妇女几乎无人学会该技艺。2005 年，独峒村发生火灾，旧款百鸟衣几乎全被烧毁，现有的百鸟衣基本为后来重新制作。

独峒村百鸟衣上衣（图 4-26）为右衽。上衣胸围线以下部分采用拼布和刺绣工艺，呈现出层次分明、色彩丰富、图案多变的视觉效果。

◈ 图 4-26 独峒村侗族男性百鸟衣 <a>

< b >

< c >

< d >

< e >

◆ 溶江流域侗族服饰

三江侗族自治县梅林、富禄、洋溪、良口、同乐、老堡一带和融水苗族自治县大年、洞头、拱洞、良寨一带属于溶江流域。溶江上游段称为“都柳江”，下游段在老堡口与浔江汇合后称为“融江”，属珠江水系。溶江流域的梅林乡、富禄苗族乡、良口乡、同乐苗族乡和洋溪乡的服饰较好地体现侗族服饰的特点和制作工艺。这一区域侗族服饰的传统样式为上衣下裳制，夏装上衣造型主要是对襟衣,两襟配有手工绣花和各种装饰图案,或者用各种手织花边装饰；春秋冬装则以左衽装上衣、及膝百褶裙为主，也有穿抄腰筒裤的习惯。总体上说，其服饰以紫红色和蓝色为主色调。

该区域的侗族妇女精于刺绣,所有男女服装包括衣、裙、头帕、腰带、绑腿、围裙、背包、胸兜等，都绣上各式各样的图案作为装饰。女性服饰样式大体相同，但不同年龄段的服饰会有差异，并以不同的装饰花边作为区别。具体而言，年轻女性的服装艳丽，中年女性的服装端庄朴质，老年女性的服装更为朴素简洁。

◎ 富禄、梅林一带侗族服饰

富禄、梅林一带包括三江侗族自治县富禄苗族乡的岑旁村、高安村、匡里村、青旗屯与荣阳屯，梅林乡的新民村、梅林村等村寨以及融水苗族自治县大年乡、洞头镇、拱洞乡等村寨。

项目组选取了三江侗族自治县富禄苗族乡岑旁村，梅林乡梅林村腊用屯、新民村平等屯和下寨屯以及融水苗族自治县洞头镇洞头村作为这一区域侗族服饰的影像采集点。

溶江流域最具代表性的侗族服装款式为直领对襟上衣，前襟对开，敞怀不系扣，两侧开衩，袖长至肘部且紧窄（图 4-27）。刺绣和织锦一般装饰在直领、侧缝、衣摆和袖口处，色彩、纹样与装饰部位根据着装者年龄的不同而呈现差异：年长者衣装装饰面积较小，在色彩上趋于素雅，装饰部位一般仅在直领和袖口，较为单一；年轻人则相反，装饰部位也更为丰富。装饰纹样在绣花鞋上也有所体现（图 4-28）。

该区域的侗族女性多穿五角菱形短胸兜（图 4-29），三段式，胸兜面料一般为自织自染的土布，绣花部分在上部，花卉用破线绣搭配数纱绣，刺绣的布局根据着装者年龄的差异有很大区别：年轻女性的胸兜刺绣覆盖面积广且色泽鲜艳，老年女性的胸兜刺绣少且色彩淡雅。下装通常穿一片式百褶裙（图 4-30）。

◎ 图 4-27 梅林乡侗族女性上衣

◎ 图 4-28 梅林乡侗族女性绣花鞋（上图）

◇ 图 4-29 梅林乡侗族女性胸兜（上图）

◇ 图 4-30 梅林乡侗族女性百褶裙（下图）

◇ 图 4-31 梅林乡侗族女性盛装

项目组还采集了梅林乡女性盛装（图 4-31）及梅林乡侗族男性常服（图 4-32）及富禄苗族乡岑旁村侗族女性服饰（图 4-33 至图 4-39）的影像资料。

在中国服装史上，对襟型是宋代最具代表性的服饰形制，这种形制的典型代表是褙子。对襟型服装可分为直领式、立领式和圆领式。对襟型侗族服饰的结构与宋代褙子的结构几乎如出一辙，但是对襟型侗族服饰更富于变化，窄瘦长短不一，门襟以系带或腰带固定，两侧开高衩，衣身仅被后中心线和两个接袖缝分割。直领式用一条长方形布条将门襟与衣领相连，充当了衣领和门襟的双重作用，衣身结构几乎保持左右衣片完全对称。这一形制的服装为着装过程留下了巨大的造型空间，即能发挥穿着者的能动性，利用服装平面结构宽松的优势，进行第二次造型。

◇ 图 4-32 梅林村侗族男性常服

< a >

< b >

岑旁村侗族女性盛装为直领对襟型上衣，两襟交叠式，长条形领子连接充当衣领和门襟，两襟自然交叠成交襟上衣的穿着效果，腰部以刺绣腰带固定，使胸部形成了较贴合的造型效果，着装形态极富古代遗风。

◈ 图 4-33 岑旁村侗族女性常服

< b >

< c >

◇ 图 4-34 岑旁村侗族女性夏季常服

< a >

◎ 图 4-35 岑旁村侗族女性夏季盛装

◇ 图 4-36 岑旁村侗族女性现代夏季盛装

◈ 图 4-37 岑旁村侗族女性盛装（一） <a>

<b>

◇ 图 4-38 岑旁村侗族女性盛装（二）

◈ 图 4-39 岑旁村侗族女性盛装（三）

< a >

项目组还采集到了洞头村侗族女性常服及盛装的影像资料（图 4-40 至图 4-41）。该地女性盛装在袖中至袖口处全以刺绣装饰，这是这一区域侗族女性服饰的主要标志之一。

< b > < c >

◈ 图 4-40 洞头村侗族女性常服

◎ 图 4-41 洞头村侗族女性盛装

< a >

< b >

新民村侗族女性服饰的变化可以视作侗族百年服饰变迁的典型代表。侗族女性服饰历史上以上衣下裳作为基本形制，女性普遍穿裙装，但在清代道光年间和民国时期两次较大的服饰改革后，侗族女性逐渐改穿筒裤，仅有部分偏僻侗寨保留了穿裙装的传统。

三江侗族自治县梅林乡新民村平等屯、下寨屯的部分侗族群众自称其先祖由梧州迁来。项目组在进行侗族服饰影像采集时，发现该屯保存了三个不同历史阶段的侗族女性服饰样式。

图 4-42 所示的侗族女性服饰为民国时期制作，为该屯付姓人家传承下来。据了解，该套服饰为该村 90 岁以上侗族妇女所穿着样式，80 岁以下妇女均无此样式服装。从采集到的影像中可以看到，百年前当地侗族妇女的装束为对襟上衣下裙制。布料制作和染色均为侗族妇女按照传统工艺完成，其胸兜所用青色布料应为现今侗族妇女服装青色面料的原样。

◇ 图 4-42 新民村平等屯、下寨屯侗族女性百年前常服

图4-43所示的右衽宽裤装是1933年服饰改革后，新民村侗族妇女改良后的服装，也是目前新民村40—80岁侗族妇女的主要着装。该样式与三江、融水一带汉族女性服饰并无明显区别，仅是布料有所不同，仍使用侗布，亦配有银链围裙，围裙款式与当地汉族女性围裙款式基本一样。富禄苗族乡匡里村浪泡屯的侗族妇女也以着该款服饰为主。

经实地调查了解，新民村40岁以下的侗族女性，其服饰样式受周边侗族村寨影响,又恢复为上衣下裳制，上着对襟上衣，下着百褶裙，样式与梅林乡梅林村、富禄苗族乡岑旁村的服装样式基本一致。

◈ 图4-43 新民村平等屯、下寨屯侗族女性常服项目组采集了岑旁村侗族男性服饰（图 4-44 至图 4-45）及洞头村侗族男性服饰（图 4-46）的影像资料。

图 4-44a 所示岑旁村侗族男子裤头的所系织花带子，是由男子心仪的侗族女子亲手制作，极具浪漫色彩。

明代邝露在《赤雅》中记载：“峒女……三三五五，采芳拾翠于山椒水湄，歌唱为乐。男亦三五群，歌而赴之。相得，则唱和竟日，解衣结带，相赠以去。”在侗族聚居地区，布匹、手帕、鞋、衣服、花带等，都可以作为表达爱意的信物。

◇ 图 4-44 岑旁村侗族男性常服 < a >

< b >

◇ 图 4-45 岑旁村侗族男性棉服

◇ 图 4-46 洞头村侗族男性常服

◎ 同乐、洋溪、良口、老堡一带侗族服饰

同乐、洋溪、良口、老堡一带包括三江侗族自治县同乐苗族乡的同乐村、归夯村、高武村、高旁村、岑甲村、七团村、归东村等村寨，独峒镇的唐朝村、知了村；洋溪乡的高露村、良培村、勇伟村、洋溪村、信洞村等村寨；良口乡的寨塘村、晒江村、大滩村、仁塘村和产口村的新寨屯、寨枝屯、寨沙屯，老堡乡的白文村、老巴村等村寨；富禄苗族乡的高安村以及融水苗族自治县白云乡的瑶口村、保江村等村寨。这一区域侗族服饰重刺绣的运用，在上衣、头帕、腰带、绑腿、胸兜上都缀上各式各样的刺绣图案作为装饰。

项目组选取了三江侗族自治县的同乐苗族乡同乐村平溪屯，洋溪乡勇伟村、信洞村，老堡乡老巴村，以及融水苗族自治县白云乡瑶口村竹口屯作为这一区域侗族服饰的影像采集点。

同乐村侗族服饰为直领对襟上衣，平铺时双襟相对，但衣领至下摆不闭合。人穿着时双襟分开，通常辅以胸兜，露出胸兜上部的刺绣，再以腰带固定，达到更合体的效果。

平溪屯侗族服饰因其精湛的刺绣技艺而享誉海内外（图 4-47 至图 4-53）。平溪屯侗族女性从 12 岁就开始学织布、染布、刺绣、剪纸等，为自己出嫁准备绝美

◇ 图 4-47 同乐村平溪屯侗族女性夏季服饰 <a>

的嫁衣。她们制作的侗衣、侗裙、绣花鞋、侗布等，上面的刺绣惟妙惟肖。

在衣领、胸兜、衣前合口两边线、衣袖中间、衣衬和衣脚六个部位刺绣，是同乐侗族女性服饰的风格。

同乐侗族刺绣技艺的美感集中表现在女性的胸兜上。在胸兜中间的繁绣叫中花，是同乐侗族女性想象中自然吉祥物的集合。中花绣有金鸡，寓意金鸡如意；中花绣有大树，寓意长寿和坚韧；中花绣有野牡丹，花瓣用水红色、大红色搭配成立体造型，象征姑娘的心如烈火。在胸兜的中花四周，还会绣上花鸟虫鱼，使得主题丰满，版面精美，内涵丰富。

<b>

◇ 图 4-48 同乐村平溪屯侗族女性春夏秋常服 <a>

<b>

◎ 图 4-49 同乐村平溪屯侗族女性冬季常服

◇ 图 4-50 同乐村平溪屯侗族女性冬季盛装

◇ 图 4-51 同乐村平溪屯侗族女性盛装 <a>

< b >

< C >

◈ 图 4-52 同乐村平溪屯侗族女性胸兜纹样

柳州不同地域、支系、村寨的侗族服饰存在一定的差异性，不同的支系和村寨之间，几乎没有一模一样的服饰。即使服装样式基本一样，在绲边、配色、纹样等方面仍然存在差别，不同的服饰成为区分不同支系和村寨的依据。如同处溶江流域三江侗族自治县的同乐、富禄、洋溪、良口四个乡在服装形制上虽然是一致的，都是用彩色布料作刺绣底布,或作襟边与织带、织锦、刺绣、金属饰物搭配组合，但在服饰的搭配色彩上存在着明显的差别。同乐乡服饰绲边以湖蓝色为主，再以玫红交错白色所形成的缘饰图案装点，采用红与绿的互补色作为装饰色彩的主色调；良口乡侗族服饰绲边一般以橙黄色为主，辅之以湖蓝、白、玫红色；洋溪乡侗族服饰绲边则以蓝色、绿色为主；富禄乡的侗族服饰颜色丰富，其中以白色、果绿色为主，偏好用果绿与玫红、蓝色与橙黄的互补色搭配白色。各村寨遵循各自的色彩搭配传统，实际是为了辨别族群支系、区分族群村寨，袖口领边的拼布色彩不同也为族群和村寨识别提供了符号载体，这背后又与婚嫁、礼节、习俗等息息相关。

◇ 图 4-53 同乐村平溪屯侗族女性冬季盛装（嫁装）

溶江流域同乐乡、洋溪乡、良口乡、老堡乡一带侗族妇女头帕是自织的长方形白帕，两端装饰黑色干栏纹和文字，佩戴时头帕折叠成圆柱形围在额前，脑后系合，穗饰垂于脑后，搭配银饰与传统衣装，古韵浓郁（图 4-54 至图 4-58）。

在柳州，历史上各民族文化、语言、服饰相互交流、借鉴、融合极为常见。按照当地人的说法，三江侗族自治县老堡乡老巴村已经有五百多年历史，他们的祖先自广东、湖南等地迁来，大部分为苗族，但都不会讲苗语，现在均讲侗话、唱侗歌、穿侗族服饰。同样的情况还出现在邻近的寨塘苗寨。

◈ 图 4-54 勇伟村侗族女性常服

◈ 图 4-55 勇伟村侗族女性盛装

◈ 图 4-56 信洞村侗族女性盛装

◈ 图 4-57 老巴村女性夏季常服

◎ 图 4-58 老巴村女性春秋冬季常服

图 4-59 所示的老巴村女性秋冬盛装上衣约有百年历史，制作时间为清末或民国初期。

融水苗族自治县白云乡瑶口村竹口屯是民族交往交流交融的典型村寨。该屯人口主要为壮族、侗族，还有少量的瑶族、苗族。按照当地人的说法，最早迁入的壮族先民是从广西河池南丹一带而来，至今已历八九代；该屯的侗族先民是从贵州黎平迁入，至今为第七代。在长期的民族交往过程中，各民族文化相互融合。目前该屯壮族讲壮话，但穿侗族服饰。项目组在竹口屯共采集到六套女装款式的影像资料，其中侗族服饰五套、苗族服饰一套，均为该屯妇女的日常穿着（图 4-60 至图 4-64）。

◇ 图 4-59 老巴村女性秋冬盛装 < a >

< b >

<a> <b>

◈ 图 4-60 竹口屯侗族（壮族）女性夏季常服

◎ 图 4-61 竹口屯侗族（壮族）女性夏季盛装 <a>

< b >

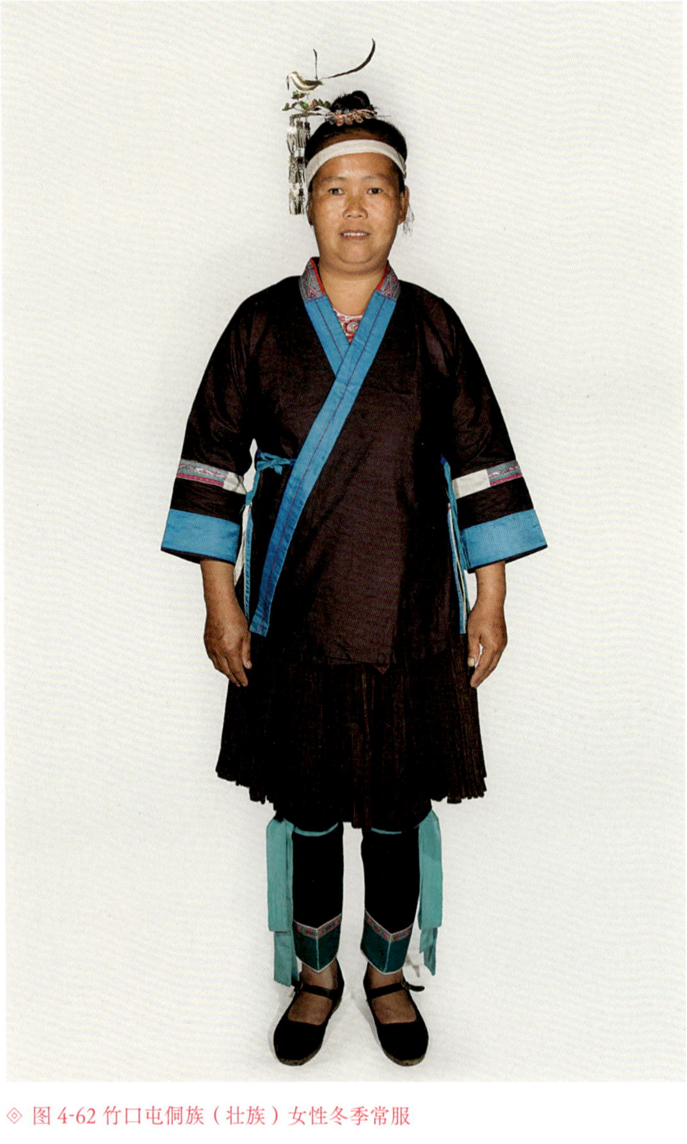

◇ 图 4-62 竹口屯侗族（壮族）女性冬季常服

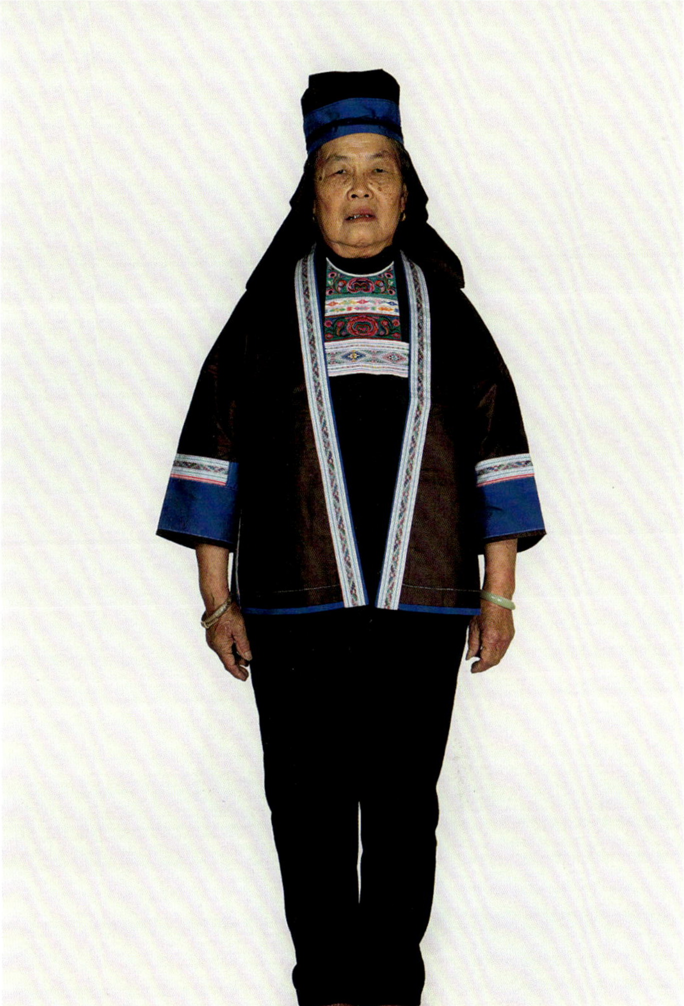

◈ 图 4-63 竹口屯侗族（壮族）女性常服

◇ 图 4-64 竹口屯侗族（壮族、苗族）女性冬季盛装 < a >

< b >

◎ 良口、产口、南寨、和里一带侗族服饰

良口、产口、南寨、和里一带包括三江侗族自治县良口乡的良口村、南寨村、和里村以及产口村旧寨屯。

该区域侗族女性传统服饰为上衣下裳制。夏装上衣为长袖无领无扣对襟式，冬装上衣为左衽无领斜襟式；夏装、冬装均用同色侗布叠成约十厘米宽的腰带把衣服两襟固定，或用系带固定；袖长至腕，用蓝色布往上挽宽边袖口；无围裙，衣长掩臀。总体上说，该区域侗族女性服饰，除胸兜之外，全身上下没有过多的点缀，全身素净是其服饰特点。

苗江经独峒镇、同乐乡自北向南流，在良口乡产口村汇入都柳江，产口村在苗江两侧分布有两个屯，即产口村新寨屯和旧寨屯。两个屯直线距离不足五十米，隔苗江相望，但两屯的侗族服饰风格却截然不同，一艳一素，差异巨大。新寨屯与产口村的寨枝屯、寨沙屯、高归屯等其他侗寨的女性侗族服饰，归属同乐洋溪片区，服饰上多处以刺绣装饰，艳丽多彩；旧寨屯女性侗族服饰则与相邻的良口村、南寨村、和里村侗族服饰一致，全身上下仅在胸兜使用刺绣，其上衣下裙、绑腿等较为净素，尤显古朴（图 4-65 至图 4-67）。南寨村的侗族服饰则装饰稍多一些（图 4-68 至 4-69）。

《诗经·小雅·采菽》云："赤芾在股，邪幅在下。"侗族群众使用的裹腿即为邪幅。

◈ 图 4-65 产口村旧寨屯侗族女性夏季服饰

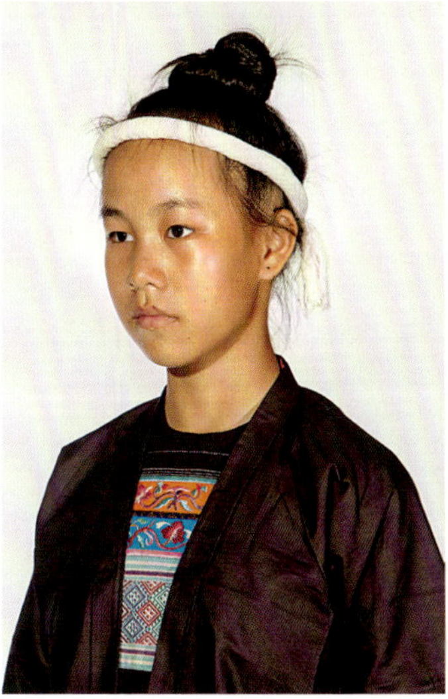

< b >

< c >

◈ 图 4-66 产口村旧寨屯侗族女性夏季常服

< a >

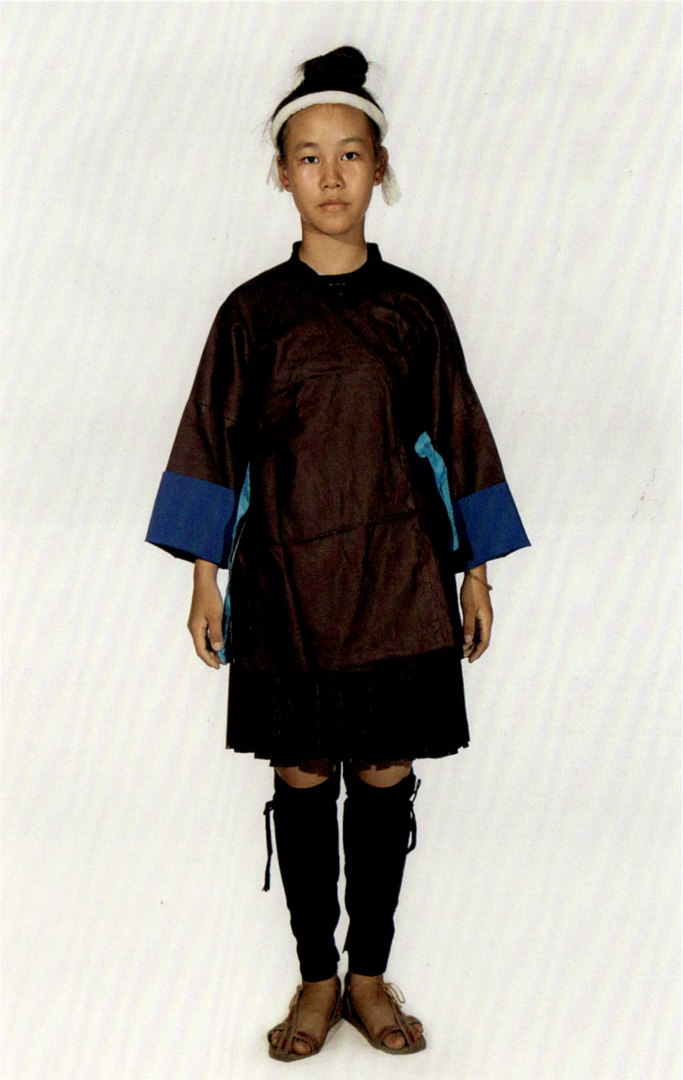

◇ 图 4-67 产口村旧寨屯侗族女性春秋冬季常服

◇ 图 4-68 南寨村侗族女性冬季常服

< b >

◇ 图 4-69 南寨村侗族女性冬夏季盛装

< a >

南寨村侗族女性不同年龄段首服呈现出不同的样貌（图 4-70）。

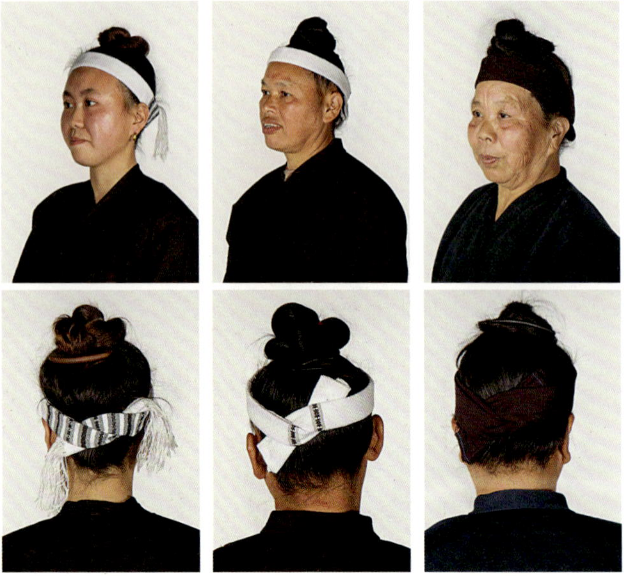

< a >　< b >　< c >

◎ 图 4-70 南寨村年轻侗族女性首服（左列图）、中年侗族女性首服（中列图）、老年侗族女性首服（右列图）

项目组还采集了南寨村侗族男性服饰（图 4-71）的影像资料。

◈ 图 4-71 南寨村侗族男性常服

◈ 图 4-72 和里村侗族女性传统服饰（上图）
◈ 图 4-73 和里村侗族女性盛装（下图）

1933年的民风俗服改革后，和里村侗族妇女流行着宽裤装（图4-72）；到20世纪80年代后，和里村侗族妇女又以着裙装为主（图4-73）。

三江侗族聚居地区侗族男性长者流行穿着长袍寿服，也称寨老服（图4-74）。一般50岁以上男性可以穿寿服，主要在喜庆类礼仪场合穿着，等同于礼服。其来源于清代的长袍马褂，传入侗族聚居地区后演变成侗族寨老服，又演变成如今的侗族男性长者寿服。一般在老人年满60岁之前，家里人开始选择吉日缝制长袍寿服，给老人添寿；或是在老人突发疾病时缝制，寓意给病危老人保运延寿；或在老人年龄逢“九”时缝制备用，以备老人去世上装入殓。寿服衣料多为黑、紫、红或蓝色绸缎布，印有“寿”或“福”字。上衣为右衽大襟长衫，外配对襟或斜襟短褂，下为长裤，头为各式有顶布帽。三江一带侗族男性长者逢年过节、参加“月也”等村寨集体活动时，会穿着寿服出席活动，认为这样可以添福增寿。

◇ 图 4-74 南寨村侗族男性长袍寿服（寨老服） <a>

< b >

◆ 三江西部侗族服饰

三江西部侗族服饰在三江侗族自治县内分布较少，主要分布在与贵州省交界的梅林乡、富禄苗族乡的一些侗族村寨。

◎ 石碑、车寨侗族服饰

石碑、车寨一带现存侗族服饰主要分布在梅林乡的石碑村，以及车寨村的寨明屯、相思屯、车寨屯等村寨。项目组选取了梅林乡的石碑村作为这一区域侗族服饰的影像采集点。

石碑村2020年全村人口约1850人，有吴、石、谢、陆、梁、李、潘等姓氏。石碑村以及车寨村寨明屯、相思屯、车寨屯的侗族女性服饰，其款式亦为上衣下裳制，上衣为都柳江上游流域流行的无领对襟衣和左衽斜襟衣两种，与都柳江下游流域侗族服饰风格迥然不同，主要体现在色彩运用上不同（图4-75至图4-76）；冬装和盛装以围裙装饰，自成一体。这一片区侗族服饰样式与毗邻的贵州从江县丙妹镇侗族服饰较为类似，服装风格更接近从江县的西山型和高增型服饰，但在用色上有所区别。

石碑村的侗族女性服饰主要通过色彩、明亮度来区分身份。同一季节款式服装中，未婚女性布料用色鲜艳明快，已婚女性布料用色偏淡偏深，老年女性布料用色偏素偏黑。

◈ 图4-75 石碑村侗族女性夏季常服

◇ 图 4-76 石碑村侗族女性春秋常服

围裙是石碑村侗族女性冬装的标配，在围裙上使用蓝色腰带扎系也是这一带侗族服饰的主要特色（图4-77）。

◈ 图 4-77 石碑村侗族女性冬季常服

< a >

石碑村一带的侗族女性着盛装时，梳椎髻，头扎银梳，戴银项圈，层层叠叠的银项圈由 6 个小环和大小相套的 7 个环组成，这 13 层项圈反映了侗族社会以单数为吉，象征无穷无极、循环往复的世界观，也是整套盛装的亮点（图 4-78）。

石碑村侗族几百年来沿袭着一个古老的文化传统，即上屯和下屯两个侗寨在农历正月初八、初九这两天共同举办一个“龙凤抢宝”芦笙节（也叫踩歌堂）活动，外界称之为“抬官人”。

该民俗活动起源于一个古老的传说故事。传说石碑村原先在此开发定居的苗族先民迁走后,村里发生瘟疫,不断有村民去世，当地人认定是妖邪作祟。石碑村头人便去请本领强大的苗族首领出山拯救村民，苗族首领请出都柳江里的龙王进寨消灾，石碑村才得以太平。为了答谢和纪念苗族首领和龙王，村民便在村子中央设“歌堂坪”，唱歌跳舞，歌功颂德，参加踩歌堂的村民把“苗族首领”“龙王”以及“金童玉女”抬起来欢呼游行。这个传说故事及纪念活动被石碑村后人发展为“龙凤抢宝”芦笙节民俗活动并传承上百年。

◈ 图 4-78 石碑村侗族女性盛装

< b >

< c >

作为石碑村侗寨纪念苗族首领和龙王为民除害的日子，踩歌堂活动当天，大家都身着节日盛装聚在一起，以龙的造型排列，“苗族首领”和“金童玉女”走在队伍的前面为龙头，芦笙队吹奏曲调作为龙的声音一路欢腾行进；头戴尖帽、身披毛毯的是参战的“虾兵虾将”勇士；穿着丑陋、画着黑花脸的是被“龙王”制伏的“妖怪”；随后为龙身队伍，由年轻男性“官人”和穿着盛装的姑娘组成的花伞队组成。加入龙身队伍的人员须为未婚的男女青年和少年，已婚者不得进入龙身队伍。经村寨内部约定，正月初八由下屯未婚男女全部着男装扮男性，由上屯未婚男女全部着女装扮女性；正月初九则反之，由上屯未婚男女全部着男装扮男性，由下屯未婚男女全部着女装扮女性。由神话传说故事演化而来的奇特的风俗活动，其装束也充满侗族群众天马行空的想象力（图 4-79 至图 4-80）。

◇ 图 4-79 石碑村侗族“龙凤抢宝”芦笙节侗族盛装专用服饰 < a >

< b >

< c >

◇ 图 4-80 石碑村侗族“龙凤抢宝”芦笙节

< a >

< b >

< c >

XIANFA
KIDS

◎ 三江西部“六洞”型侗族服饰

“六洞”是过去侗族群众对多个大寨合款后的统称，包括今贵州省从江县的贯洞镇、洛香镇、庆云镇以及黎平县的肇兴镇等地，这些地方历来是侗族传统文化的代表性区域，该区域服饰也被学者称为“六洞”型侗族服饰。

三江西部“六洞”型侗族服饰主要分布于三江侗族自治县富禄苗族乡高岩村和富禄村的岑胖屯，以及融水苗族自治县大年乡的归合村。当地人称其先民是从贵州的“六洞”地区来此定居，因此这一片区的侗族服饰与今贵州“六洞”一带有诸多相似之处。

1. 富禄苗族乡“六洞”型侗族服饰

富禄苗族乡“六洞”型侗族服饰主要分布于该乡的高岩村和富禄村的岑胖屯。项目组选取富禄苗族乡富禄村岑胖屯作为这一区域侗族服饰的影像采集点。

高岩村、岑胖屯的侗族女性春夏秋季着对襟装，上衣袖口纤细，两侧开衩，少量刺绣点缀于袖口、后领和底摆，在细节上体现服装的精致（图 4-81 至图 4-85）。上衣最突出的部分是侧面的装饰，腰际线处分散出四根大小不一的飘带，营造出飘花浮云、恣意飞舞的视觉效果，在侗族服装中独树一帜。下穿百褶裙和绑腿，不同的是，“六洞”的细褶百褶裙底端留有十厘米左右的宽褶，层次丰富。

“六洞”型女性侗族服饰属于紧束型裙装。上装包括上衣、肚兜和围裙。上衣分为左衽大襟型和直领对襟型。女性冬季穿左衽大襟上衣，用亮布制作，衣长掩臀，袖长至手腕，接袖由深浅不一的蓝色拼布和以红、绿、黑、白为主的干栏图案组成，侧缝开衩，周身仅在领缘和手肘处装饰刺绣带。这种刺绣带工整且细密，看上去像织带，其实是侗族妇女一针一线绣出来的。胸部从脖颈处吊挂一方五边形肚兜垂至裙前，紧贴于体肤，颈部的挂带翻转于衣领后背，挂吊一个“∽”形的螺纹银背扣；围腰由一块长方形亮布和一条蓝色腰头组成，围腰上端折叠如扇，每个褶皱上绣有不同的纹样，常见的有勾藤花、山形和锄头。这种围腰在侗族聚居地区较为常见，各地围腰在刺绣纹样、宽幅和褶皱数量上有所差别。从装饰材料来看，湘桂黔三地各有所好。湖南侗族善织，常用织锦或织带做装饰。广西侗族善绣，采用花鸟鱼虫图案绣片做装饰，她们不仅制作绣片，还用数纱绣的工艺在布面上表现织锦或织带的图案纹样，将绣与织完美结合。

◎ 图 4-81 富禄村岑胖屯侗族女性夏季常服

◎ 图 4-82 富禄村岑胖屯侗族女性春秋常服

◇ 图 4-83 富禄村岑胖屯侗族女性冬季常服 <a>

< b >

< c >

◇ 图 4-84 富禄村岑胖屯侗族女性中老年冬季常服

◇ 图 4-85 富禄村岑胖屯侗族女性盛装

2. 大年乡“六洞”型侗族服饰

项目组选取了融水苗族自治县大年乡归合村作为这一区域侗族服饰的影像采集点。

据当地人描述，归合村侗族先民从贵州省黎平县肇兴镇一带迁来已有百年以上，其服饰与肇兴镇一带的侗族服饰基本一致（图 4-86 至图 4-89）。

◇ 图 4-86 归合村侗族女性夏季常服

◇ 图 4-87 归合村侗族女性夏季常服

◈ 图 4-88 归合村侗族女性冬季盛装

< b >

< c >

◈ 图 4-89 归合村侗族女性冬季盛装

< a >

◎ 登晒、岑广侗族服饰

项目组选取了三江侗族自治县富禄苗族乡富禄村登晒屯作为这一区域侗族服饰的影像采集点。

富禄苗族乡富禄村登晒屯、岑广屯的侗族自称其先民是从贵州省黎平县高屯镇潭溪迁来，先居于龙额镇，后迁入登晒屯和岑广屯，其女性服饰自成一类，四季上衣只有一种样式，均为直领对襟式，与贵州省黎平县地坪镇、龙额镇侗族服饰基本一致。

登晒屯、岑广屯的侗族女性夏装对襟敞胸，上衣多为天蓝色棉布制作，无领、无扣，下摆从腰部向下两侧开衩，其长度一般在臀部位置。这种对襟衣，只在门襟位置有绣花装饰，其他位置没有任何装饰，穿着时搭配菱形绣花肚兜，肚兜在靠近颈部位置刺绣花纹，多采用花鸟等纹样，含富贵吉祥之意。纹样图案多以白色作为底色，与其他亮色的花纹形成强烈的色彩对比（图 4-90 至图 4-91）。

◈ 图 4-90 富禄村登晒屯侗族女性夏季常服（一） < a >

< b >

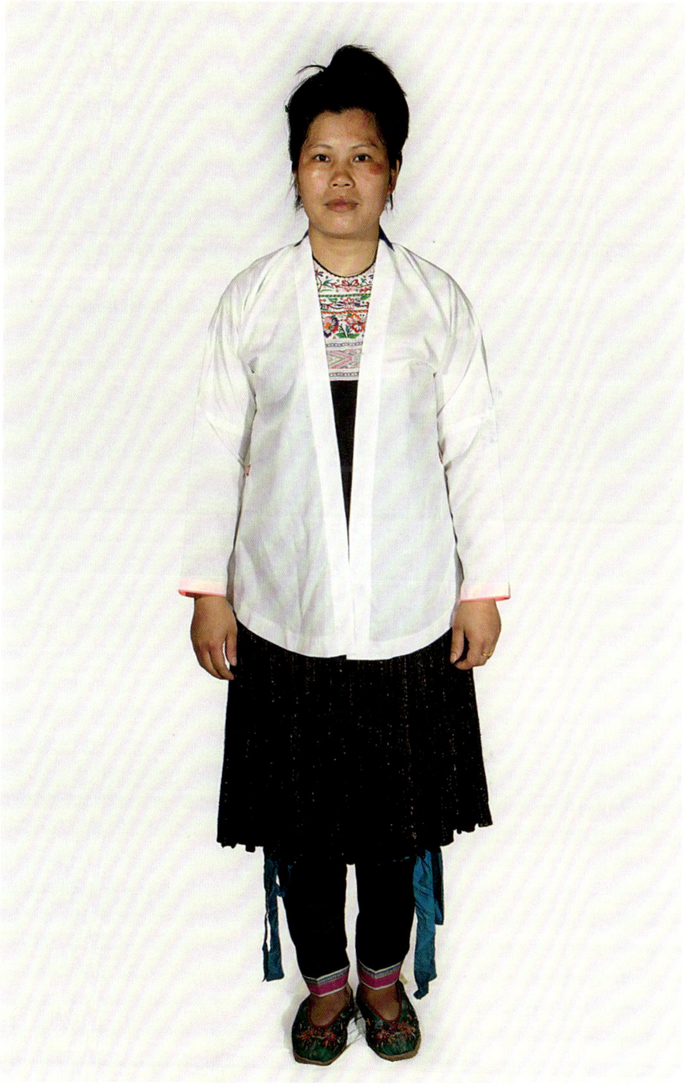

◇ 图 4-91 富禄村登晒屯侗族女性夏季常服（二）

登晒屯侗族女性春秋冬装上衣为敞胸无领对襟衣，衣长掩臀，衣袖较合体，衣身两侧开衩，门襟处绣有宽约 6 厘米的花纹。不同年龄段女性服饰花纹的宽窄和颜色各不相同，未出嫁的女性花边宽，色彩鲜艳；婚后的青年、中年女性花边较窄，色彩较淡；老年女性花边较窄，色彩较深。衣襟下摆处用绿蓝相间的纹样绣片包边。衣袖下段的中间再拼接一段宽约 10 厘米的绿粉相间的纹样绣片来合成袖围（图 4-92）。

着盛装时，在上衣外系粉色绸缎腰带。腰带长约 2.5 米、宽 10 厘米，两端有刺绣以及粉、白、绿等色的流苏装饰，一般打结在身后（图 4-93）。

◈ 图 4-92 富禄村登晒屯侗族女性春秋冬常服

◇ 图 4-93 富禄村登晒屯侗族女性盛装 <a>

< b >

◆融水西南部侗族服饰

◎ 滚贝侗族乡侗族服饰

融水西南部包括融水苗族自治县滚贝侗族乡尧贝村、同乐村、支文村、尧佐村，怀宝镇聘洞村等村寨。

项目组选取了融水苗族自治县滚贝侗族乡尧贝村作为这一区域侗族服饰的影像采集点。

滚贝侗族乡的侗族女性服饰上衣仅有一种样式，即交领左衽斜襟式。常服采取上衣下裤制，裤为六分裤，这种装束便于日常劳作及在山间田头行走，也更适应当地气候。女性盛装则延续了侗族原有的上衣下裳的制式。滚贝侗族乡的服饰受苗族服饰影响，在用色和装饰方面较接近当地苗族服饰（图 4-94 至图 4-96）。

< a >

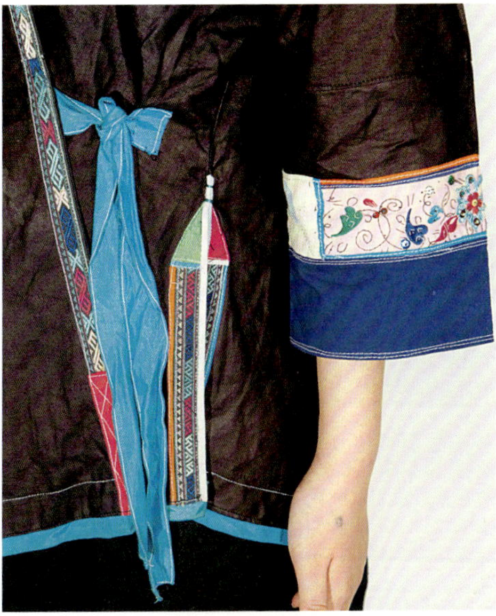

< b >

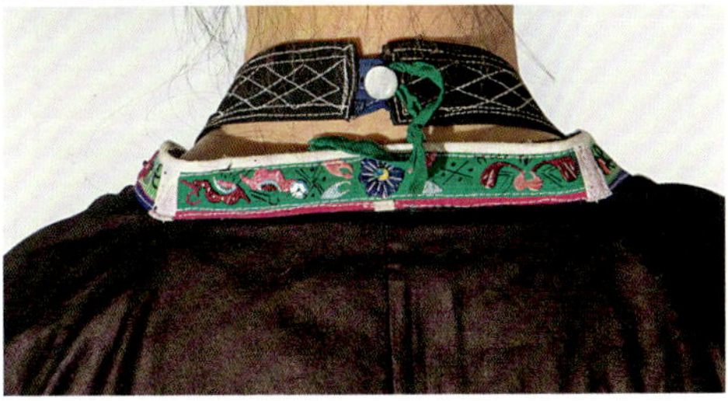

< c >

◈ 图 4-94 尧贝村侗族女性秋冬常服

< a >

< b >

◇ 图 4-95 尧贝村侗族女性盛装

< c >

◇ 图 4-96 尧贝村侗族女性常服 <a>

< b >

◎ 同练瑶族乡侗族服饰

同练瑶族乡大坪村是融水苗族自治县最偏僻的高寒山村之一，西与贵州省从江县秀塘乡、加榜乡毗邻，侗族人口约 3400 人，有杨、吴、石、王、陆、姚等姓氏。同练瑶族乡大坪村的侗族女性服饰采用传统的上衣下裳制，服饰装饰色以绿色和青绿色为主色调，夏装上衣为直领对襟式，春秋冬装上衣为右衽小襟式，极具特色。

根据该村侗族老人口述，该村的侗族服饰是三百多年前杨氏先民从江西迁至大坪村时传入，杨氏先民在江西时即讲侗语，着此样式侗族服饰，其服饰样式也为后来陆续迁入大坪村的各姓氏先民所模仿，并逐渐成为大坪村的统一服饰。此服饰样式自进入大坪村后，一直保持原貌，直至 20 世纪末才有所变化。历史上大坪村与贵州省从江县平晏村、归眼村长期相互通婚。在传统侗族社会中，女性作为服饰生产的主导者，决定着服饰的样式，大坪村的侗族服饰款式也随出嫁的姑娘流传至平晏村和归眼村。大坪村、平晏村、归眼村的侗族服饰与侗族其他地区侗族服饰相比,在款式和色调上特色明显,因而可单独称为大坪型服饰，但仅在此三个侗族村寨流行，较少被学者关注。

大坪型服饰的夏装采用直领对襟式，但与常见的直领稍有区别，其后领处加高加厚立起，具有半立领风格，并以刺绣装饰，在结构上较为独特（图 4-97）。对襟式上衣夏装佩以大面积绿色和青绿色为主色调的胸兜和围裙，并系同色宽大腰带，结系于身后。

◈ 图 4-97 大坪村侗族女性夏季常服 <a>

< b >

< a >

大坪村侗族女性在春秋冬季戴的头帕，图案以大片青绿色刺绣为主，并用绿线、红线间隔，与上衣的青绿间红的宽大襟边、青绿袖口、绿色围腰、脚套上的青绿色绑带相呼应（图 4-98）。

大坪村侗族女性冬装为右衽小襟，以 3 颗铜币作扣，较为独特。

项目组还采集了大坪村侗族女性现代改良款盛装（图 4-99）及大坪村侗族男性服饰（图 4-100）的影像资料。

◈ 图 4-98 大坪村侗族女性春秋冬常服

< b >

< c >

◇ 图 4-99 大坪村侗族女性现代改良款盛装

图 4-101 所示服装为 21 世纪初开始流行的男性常服，为机织产品，上衣采用对襟，刺绣面积加大。

◈ 图 4-100 大坪村侗族男性常服（左图）

◈ 图 4-101 大坪村侗族男性现代改良款常服（上图）

◆ 侗族服饰文化及传统技艺

柳州各民族服饰的样式种类众多，在传统上都是采用手工精心织造的土布制作而成，土布以棉为主要原料。在过去，种棉、采摘、加工、纺纱、织布、染布、制作服装都是手工完成，多为自给自足状态，各民族在布料制作方法和工序上大致一样，都是用蓝靛将白布染成蓝黑色后，再开始缝制衣服。柳州一带最具地域特色的一种布料称为“亮布”，是侗族、苗族、瑶族服饰常用的布料，是在蓝靛布基础上添加蛋清、牛皮胶、石灰、草木灰、酒等材料，并采用特殊工艺制作而成，具有金属光泽。

蓝靛布的制作过程大致如下：先将蓝靛植物蓼蓝、菘蓝、木蓝、马蓝打浆过滤后沉淀，制成蓝靛膏备用。染布时，将蓝靛膏和水按一定比例混合溶解，配置成染料液，把织好的白布放入染料液中浸泡 2 至 3 小时，取出晾晒干后用清水洗涤，再放入蓝靛染料液中进行浸泡、晾晒、清洗，反复多次，约一周后白布被染成蓝黑色，即制成蓝靛布。

亮布的制作过程大致如下：首先将蓝靛布染为紫红色。把干牛皮熬成的胶液、薯茛块茎捣烂后过滤出的汁液、草木灰或石灰混合，放入木桶或缸中加水搅拌，制成混合溶液，再将蓝靛布浸泡其中，多次进行复晾、浸染，直到蓝靛布变红变硬为止。其次进行布匹捶打。将变硬后的紫红布晒干，折叠整齐，用木槌捶打，使牛皮胶液深深渗入布料的纤维，每捶打完一次，便在布匹上涂鸡蛋清，晒干后再捶打，如此反复四五次，布就会逐渐变得具有金属一样的光泽。最后是蒸布。捶打完成后，将布匹卷成筒形，放到木甑上蒸透，蒸后取出晾干；布料晾干后再蒸透、晾干，即可制成亮布。亮布的制作过程需要约一个月的时间，一般选择在农历六月到八月份期间制作。亮布染制完成后，即可用来缝制亮布衣和百褶裙。

◎ **侗族服饰制作过程**

三江侗族自治县良口乡和里村侗族服饰制作过程（图 4-102）：

1. 采摘蓝靛

2. 采棉花

3. 制作染料

7. 上条棉

8. 抽丝

9. 梳理

13. 晾晒棉线

14. 梳线机梳理

15. 机床梳理

19. 染布

20. 漂洗

21. 晾布

25. 晾晒

26. 裁衣（一）

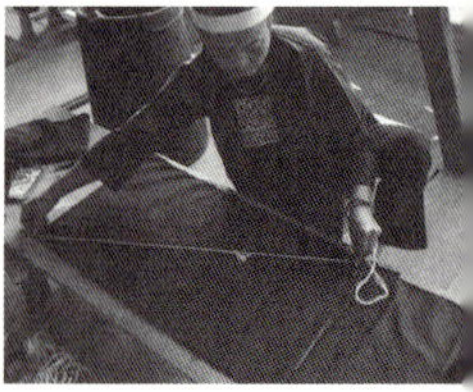

27. 裁衣（二）

◈ 图 4-102 和里村侗族服饰制作过程

棉花脱籽

5. 选棉

6. 弹棉

纺线

11. 米浆浸泡

12. 手工梳理

梳理

17. 织布

18. 制碱

捶布

23. 蒸布

24. 吹布

制作百褶裙（一）

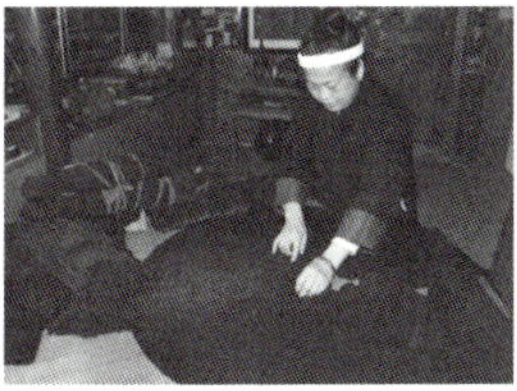

29. 制作百褶裙（二）

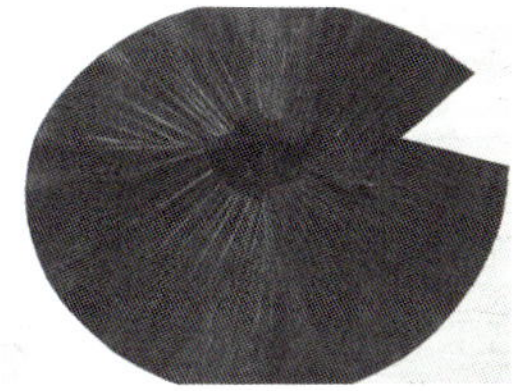

30. 百褶裙成品

◎ **侗族饰品**

项目组还采集了部分侗族饰品（图 4-103 至图 4-110）的影像资料。

◇ 图 4-103 梅林乡梅林村侗族包　　< a >

< b >

< a >

< b >

◎ 图 4-104 梅林乡侗族帐绦

< c >

< d >

◈ 图 4-105 三江侗绣胸兜

< a >

< b >

◈ 图 4-106 梅林乡侗族背带

◈ 图 4-108 三江侗族龙凤腰带

◈ 图 4-107 三江侗族婴儿口水围

◇ 图 4-109 三江侗绣背带盖 <a>

< b >

< c >

< d >

< e >

< f >

< a >

< b >

< c >

◈ 图 4-110 三江侗族婴儿帽

< d >

< e >

< f >

◎ 侗族鞋子

布鞋和草鞋是侗族最具代表性的传统鞋款。布鞋用土布缝制，草鞋用稻草编织。侗族布鞋做工很讲究，有单鞋、棉鞋、凉鞋之分。凉鞋因穿着轻巧、行动方便而被称作快鞋，它是侗族最具特色的鞋类，是以草鞋款式来缝制的布鞋。凉鞋鞋帮是精心缝制的布带，透气性很好，适于当地气候，鞋后帮面积较大的位置绣有精致的图案，鞋底是麻线纳的千层底，十分扎实。单鞋和棉鞋是翘头鞋，翘头鞋又名勾鞋，其鞋头翘起、造型别致，鞋面分成左右两边，分别绣上花纹并饰以花纹绲边，鞋后帮的装饰为另一花色。

项目组采集了部分侗族鞋子（图 4-111 至图 4-114）的影像资料。

◇ 图 4-111 三江侗族船形布鞋（上图）
◇ 图 4-112 三江侗族千层底黑布面男鞋（下图）

< a >

< b >

◇ 图 4-113 三江侗族千层底绣花鞋

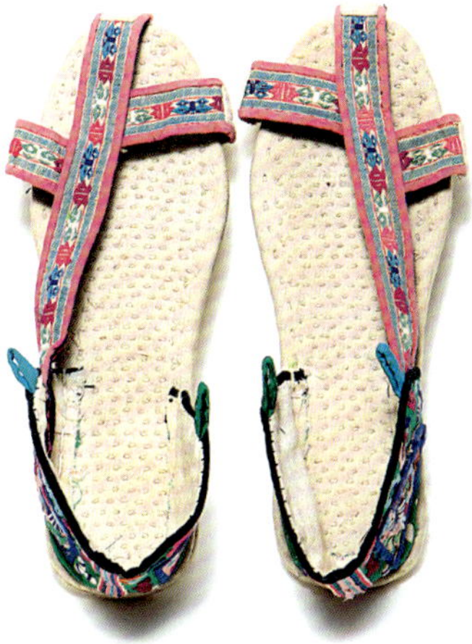

< a >

< b >

◇ 图 4-114 三江侗族女布凉鞋

◎ 侗族银饰

银饰也是侗族服饰的一个重要组成部分。侗族银饰主要有头簪、银梳、耳饰、手镯，对襟裙装还有胸兜挂链和悬于背上的S型银垂、六面银砣等饰品（图4-115至图4-119）。

节日和婚庆盛装首饰种类繁多，形大质重，造型精美，有头戴的银冠、银花、簪花、银镜，各种造型的大耳环、颈圈、项链、顶扁，胸前的银牌、胸花，手上的银镯、臂套银块、戒指。

侗族银饰的制作工艺与苗族银饰相类似，也可以看出苗族、侗族之间的文化联系和相互影响。

长期从事侗族文化研究的侗族学者傅安辉认为，银饰是侗族服饰的一个重要组成部分，在宋代以后，侗族已大量使用银饰，至清代达到鼎盛时期。现今侗族聚居地区的银饰款式，有汉族的风格，如手镯、耳环及花冠等；也有苗族的风格，如项圈、项链和胸花等。

◇ 图4-115 三江侗族银项链（右页上图）
◇ 图4-116 三江侗族银耳饰（右页下图）

◎ 图 4-117 三江侗族银锁

◈ 图 4-118 三江侗族银手镯（上图）

◈ 图 4-119 三江侗族银梳（下图）

第五章

瑶族服饰

织绩木皮，染以草实，好五色衣服，
制裁皆有尾形……衣裳班兰。
——《后汉书》

女则用五彩缯帛缀于两袖，前襟至腰，
后幅垂至膝下，名狗尾衫，示不忘祖也。
——《五岳游草》

柳州的瑶族主要分布在融水、三江、融安、鹿寨等地。瑶族是一个不断迁徙，从游耕到定居的民族。瑶族服饰多姿多彩，色彩斑斓，不同支系服饰各不相同，种类繁多，20世纪五六十年代进行少数民族社会历史调查时，统计的瑶族服饰款式数量多达70多种。

色彩斑斓作为瑶族服饰的重要特点，由来已久。早在汉代就有瑶族先民“好五色衣服……衣裳班兰”的记载；三国时期的《魏略》也有瑶族先民服饰“其纹五色”的记载。瑶族服饰虽然种类众多，但都有一个共同特点，以蓝黑色为服饰的主色，红、黄、白色主要通过刺绣和织锦体现在装饰部位，还会运用玫红、橘黄、绿色等颜色，但普遍仍是以大红色和黄色为主调。瑶族服饰在色彩运用上注重强烈对比，达到视觉冲击的效果。

◆融水苗族自治县瑶族服饰

◎ 同练瑶族乡瑶族服饰

项目组在融水苗族自治县同练瑶族乡大蒙村、滚贝侗族乡平等村采集到了该类型的传统服饰影像。

同练瑶族乡瑶族服饰分为便装和盛装两种。

同练瑶族乡瑶族女装便装为上衣下裤、黑色包缠式头服、银链围裙，较为简洁素雅，装饰和花工较少，仅在上衣袖口和长裤裤口处以刺绣装饰（图 5-1）。

同练瑶族乡瑶族盛装为节日、婚嫁、度戒等隆重场合时穿着，服饰工艺精湛，色泽艳丽。穿着时，在原来黑色包缠式头服上加上“人”字型的锦帕架，外罩瑶锦，形成形状如“人”字的翘尾冠，冠上插银花、银牌，挂串珠、银链及彩穗，显得华丽大气。颈戴两至三条银链项圈，上衣直领对襟，领口和襟边镶精美瑶绣，胸围缀着几十枚整齐的银币和一枚方形银牌。婚嫁时着披肩。腰系带有精美瑶绣的飘带围腰，并以绣花腰带束紧，远看像穿上了帘裙，是盛装最漂亮的部位之一。下穿黑色长裤，着绣花鞋（图 5-2）。服饰所用布料主要以从外界购买为主，刺绣则为自行手工制作。

◇ 图 5-1 大蒙村瑶族女性便装

◈ 图 5-2 大蒙村瑶族女性盛装 < a >

< b >

< c >

< d >

瑶族胸兜是一种装饰性的服装（图 5-3），学者容婷将瑶族女性胸兜和汉族古代肚兜进行比较，认为不同之处为汉族肚兜是贴身穿，不外露；而瑶族胸兜则不是贴身穿着，而且穿着时要敞开衣襟，露出胸兜上的装饰。

◎ 图 5-3 大蒙村瑶族女性胸兜

◎ 融水苗族自治县北部瑶族服饰

分布在融水苗族自治县北部的洞头镇、良寨乡、大年乡、拱洞乡、红水乡、白云乡、大浪镇一带的瑶族服饰具有浓郁的原生态特色，服饰多用紫红亮布制作并缀以刺绣，从棉花种植、纺棉、染布到制衣、刺绣均为瑶族民众自行完成。

项目组选取了融水苗族自治县的良寨乡培洞村培柳屯、白云乡大湾村甲龙屯、白云乡龙岑村乌韶屯、拱洞乡龙令村准备屯、洞头镇洞头村阳边屯等村寨作为这一区域瑶族服饰的影像采集点。

融水北部瑶族的服饰是用当地瑶族民众自己纺织染色的紫红亮布做成的，应是受到该地区周边苗族、侗族服饰影响的缘故（图 5-4 至图 5-13）。

这一区域瑶族女性上衣多为直领。直领，即上领子，领与襟连为一体，穿着时两襟平行或相离（图 5-4）。直领展开时平面为长方形，穿着时又呈现三角领型。

据《后汉书》记载，秦汉时期居住于长江中下游的瑶族先民即“好五色衣服，制裁皆有尾形”。融水北部的瑶族服饰中，以绣花腰带在身后打结，长长的飘带垂于身后，据说以此隐喻盘瓠之尾。

◈ 图 5-4 培洞村瑶族女性便装 < a >

< c >

< d >

< b >

< a >

< b >

◈ 图 5-5 培洞村培柳屯瑶族女性盛装

< c >

◈ 图 5-6 培洞村培柳屯瑶族女性肚兜

◈ 图 5-7 大湾村甲龙屯瑶族女性盛装

◈ 图 5-8 龙岑村乌韶屯瑶族女性盛装（上图）
◈ 图 5-9 龙令村准备屯瑶族女性盛装（下图）

< b >

< c >

◈ 图 5-10 洞头村阳边屯瑶族女性盛装

< a >

< d >

◈ 图 5-11 六进村高郎屯瑶族女性盛装头饰

◇ 图 5-12 六进村高郎屯瑶族民俗活动服饰 ＜a＞

< b >

< b >

< c >

◈ 图 5-13 洞头村阳边屯瑶族民俗活动服饰

< a >

◎ 滚贝侗族乡瑶族服饰

融水苗族自治县滚贝侗族乡的瑶族主要分布在融水苗族自治县滚贝侗族乡同心村岩屋屯、三团村江头屯、三团村基道屯等村寨。项目组选取滚贝侗族乡同心村岩屋屯作为这一区域瑶族服饰的影像采集点。

这一区域的瑶族女性服饰整体色系以鲜红色为主，据说是参照祖先衣服上的血痕制作的。滚贝侗族乡瑶族女性盛装的袖子、领襟、围腰和裙子均采用了镶拼和绲边的技艺，并有刺绣装饰其上，整套服装颜色明快鲜艳，十分动人。

狗尾衫是该区域的代表性服饰样式。狗尾衫套装是上衣下裳的形式，由上衣、肚兜、下裙三个部分组成，面料为瑶族的本色和黑色土布。狗尾衫为对襟，交领，窄长袖，衣身较为宽松，前后腰处加缝一片长方形布片，前襟为两片长至脚踝处作悬垂状的白色布片，并在下摆处折叠成褶皱状，形似狗尾，垂至膝下。其穿着方式为两衣襟在胸前交叉后绕至身后，在后腰臀的位置处系结，结形似狗尾，呈自然状态垂下（图 5-14 至图 5-16）。

明代《五岳游草》记载：“女则用五彩缯帛缀于两袖，前襟至腰，后幅垂至膝下，名狗尾衫，示不忘祖也。”狗尾衫上衣结构具有明显的南方窄衣袖“碎拼”特色，是一种古老的“十”字型平面结构，分片多，造型夸张，前后差量大。该上衣在样式上比较独特，均为无领，既没有上领子，也没有领造型，服装款式都是异形衣长，即前衣片下摆长到脚踝，后背衣片只到腰部。

◇ 图 5-14 同心村岩屋屯狗尾衫套装平铺

◎ 图 5-15 同心村岩屋屯狗尾衫之肚兜（上图）
◎ 图 5-16 同心村岩屋屯狗尾衫之下裙（下图）

同心村岩屋屯的瑶族女性从小就学习挑花刺绣、织布染布，她们的绣花技术精湛，不用底版和图样，即可将图案刺绣在布料上。由于是手工制作，岩屋屯的瑶族女性服饰制作周期较长，一套服饰需花一两年时间。

同心村岩屋屯的瑶族女性平时用黑布头巾包头，全村原本仅有一顶红绒串珠帽，供全村新娘作为嫁帽。后来全村女性每人制作一顶，作为年轻女性盛装的标配。

同心村岩屋屯瑶族女性服饰身后的白色飘带是一大特色。因其整套服饰鲜红艳丽，色彩浓烈，故而在身后系白色飘带加以平衡，并降低整体色彩饱和度，以增加视觉上的舒适感（图 5-17 至图 5-19）。

项目组也采集了同心村岩屋屯瑶族男性常服（图 5-20）的影像资料。

< b >

< c >

◇ 图 5-17 同心村岩屋屯瑶族传统女性服饰

< a >

< a >

< b >

◇ 图 5-18 同心村岩屋屯瑶族女性新款盛装 < c >

< d >

< b >

< c >

◇ 图 5-19 同心村岩屋屯瑶族女性新款嫁衣

< a >

◎ 图 5-20 同心村岩屋屯瑶族男性常服　　< a >

< b >

滚贝侗族乡平等村的瑶族服饰又有所不同，项目组在滚贝侗族乡的平等村采集到了部分男性传统服饰样式（图 5-21 至图 5-22）。

滚贝侗族乡平等村瑶族男性盛装主要用于“还盘王愿”（盘王节）、度戒等隆重场合，以彩帕缠头，上戴瑶锦板盖帽，身穿长袍，外套红布无袖衣，领襟镶瑶锦，腰系飘带和围腰，下穿黑色裤。

< a >　　< b >

◇ 图 5-21 平等村瑶族男性常服

< b >

< c >

◇ 图 5-22 平等村瑶族男性盛装

< a >

◎ 元宝山、白云山一带瑶族服饰

元宝山、白云山一带的瑶族主要分布在融水苗族自治县元宝山东面和北面，以及白云山周边白云乡的林王屯、成卡屯、九俄屯、半坡屯、大坳屯，大浪镇的纳里屯、红邓屯，安陲乡的大伞村等村寨，以及三江侗族自治县老堡乡的下曲村、边浪村等村寨。

项目组选取了融水苗族自治县的白云乡林城村林王屯、保江村九俄屯，大浪镇大新村红邓屯，安陲乡大伞村大伞屯作为这一区域瑶族服饰影像的采集点。

元宝山、白云山一带瑶族女性服饰为上衣下裙制（图 5-23）。

元宝山、白云山一带瑶族女性发型独特，人们主要通过不同发型来区分女性的年龄和身份（图 5-24 至图 5-29）。女童挽发在头顶；少女挽发在前额中部，表明尚未取得各种社交活动资格；成年女性将长发分成多股，掺以假发，盘髻后，扎成圆拱形发圈立于头上，表明可参加坡会踩堂和讨花带活动。女性成家后，便不再梳该种拱形发圈。过去此类发式多见于女性婚前装扮，如今这一习俗发生变化，已婚女性也梳这种发式。

◇ 图 5-23 林城村林王屯瑶族女性常服

◈ 图 5-24 女童发型

◇ 图 5-25 元宝山、白云山一带的瑶族女性发型（上图）
◇ 图 5-26 成年女性发型（左）与少女发型（右）（下图）

◈ 图 5-27 讨花带活动上的瑶族女性

◈ 图 5-28 林城村瑶族成年女性和少女的服装与发型

◈ 图 5-29 大新村红邓屯瑶族少女服装与发型

< a >

元宝山、白云山一带瑶族女性婚嫁服饰穿着极为讲究，新娘连穿三天嫁衣，每天穿着的嫁衣各不相同，极为独特（图 5-30 至图 5-32）。

◇ 图 5-30 保江村九俄屯瑶族女性盛装（日常盛装和第一天嫁衣）

< b >

< c >

◎ 图 5-31 保江村九俄屯瑶族女性盛装（第二天嫁衣） <a>

< b >

◈ 图 5-32 林城村林王屯瑶族女性盛装（第三天嫁衣） < a >

< b >

元宝山、白云山一带瑶族男性盛装较为独特，头帕上有银锥、银花、银羽翎等装饰，银帽在男性服饰上较为少见。此装束的银羽翎是该支系鸟崇拜习俗的标志（图 5-33 至图 5-34）。

◈ 图 5-33 林城村瑶族男性盛装（一） < a >

< b >

< c >

◈ 图 5-34 林城村瑶族男性盛装（二） < a >

< b >

项目组在融水苗族自治县安陲乡大伞村大伞屯采集到了瑶族的传统织锦样式。该织锦以红色为主调，用红、黄、绿等丝线由木质织锦机手工编织而成，以菱形、方形图案为主。

◎ 图 5-35 大伞村大伞屯瑶族传统织锦

◎ 香粉乡瑶族服饰

融水苗族自治县香粉乡金兰村的瑶族主要聚居于金兰村的培计屯、田塘屯、上兰屯等三个自然屯。

金兰村瑶族服饰独具特色,老款盛装为纯手工制作,刺绣技术十分精湛。其盛装服饰接近元宝山、白云山一带瑶族的服饰风格，而常服在款式上与安太乡、四荣乡的苗族常服较为接近（图 5-36 至图 5-39）。

项目组选取了融水苗族自治县香粉乡金兰村上兰屯作为这一区域瑶族服饰的影像采集点。

◈ 图 5-36 金兰村上兰屯瑶族女性常服

< b >

< c >

◈ 图 5-37 金兰村上兰屯瑶族女性传统盛装

< a >

◇ 图 5-38 金兰村上兰屯瑶族现代女性盛装 < a >

< b >

◆ 三江侗族自治县瑶族服饰

分布在三江侗族自治县的瑶族，不同地区的服饰各具特色。

◎ 斗江镇瑶族服饰

斗江镇的瑶族服饰以黑、青、蓝作为主色，配以红、黄、绿等各色刺绣，均为上衣下裤制。女性便装朴素自然，以黑色和深色为主，少刺绣，款式和当地汉族服饰没有太大区别，便装款式应为受汉族服饰的影响。女性常服和盛装的上衣均保持了瑶族直领对襟衣的古老传统，老款盛装头配红布绣花头巾，衣裤以黑色为底色，胸襟使用瑶绣镶边，上衣袖口和裤角以蓝色刺绣镶边，配蓝色布带、着绣花鞋。刺绣围裙是常服或盛装的标配，很有特色。

项目组在三江侗族自治县斗江镇东坪村高坡屯采集到了该区域的传统瑶族服饰样式（图 5-40 至图 5-46）。

◈ 图 5-39 金兰村瑶族男性常服

◇ 图 5-40 东坪村高坡屯瑶族女性便装

◇ 图 5-41 东坪村高坡屯瑶族女性常服

◇ 图 5-42 东坪村高坡屯瑶族女性老款常服

◇ 图 5-43 东坪村高坡屯瑶族女性老款盛装

< a >

< b >

◇ 图 5-44 东坪村高坡屯瑶族女性盛装

< c >

◇ 图 5-45 东坪村高坡屯瑶族男性常服（上图）

◇ 图 5-46 东坪村高坡屯瑶族男性盛装（右页图）

◎ 高基瑶族乡瑶族服饰

据当地人讲述，三江侗族自治县高基瑶族乡弓江村一带的瑶族先民大多为明清时期从湖南游耕入桂，先在现花坪自然保护区周边一带的高山上刀耕火种，后逐渐开田定居，一百多年前始迁入弓江一带居住。弓江村瑶族女性服饰的一大特点是将绣好的花带和织好的瑶锦以几何结构形态镶饰在上衣、胸围、胸衣、裙子上，再交叉穿在身上（图 5-47 至图 5-48）。

此外，项目组在高基瑶族乡的冲干村平见屯采集到了部分瑶族服饰样式（图 5-49），与斗江镇的瑶族服饰属于同一类型。

◈ 图 5-47 弓江村江外屯瑶族女性常服

◇ 图 5-48 弓江村上九坪屯瑶族女性常服 <a>

< b >

◆鹿寨县瑶族服饰

鹿寨县的拉沟乡大坪村、寨沙镇兴等村等村寨的瑶族的服饰五彩斑斓、图案古朴、绚丽多姿。他们的传统服装主要以红、黑、金黄色的土布制作。当地妇女擅长刺绣，在衣襟、袖口、裤脚、帽檐镶边处都会绣上精美图案和花纹。头戴尖状帽子。

项目组在鹿寨县拉沟乡大坪村采集到了该区域的部分瑶族传统服饰样式（图 5-50 至图 5-53）及刺绣包（图 5-54）的影像资料。

◇ 图 5-49 冲干村平见屯瑶族女性常服

< b >　　< c >

◈ 图 5-50 大坪村瑶族女性常服

< a >

◈ 图 5-51 大坪村瑶族女性盛装 <a>

< b >

◎ 图 5-52 大坪村瑶族女性头帽 <a>

< b >

< a >

< b >

◈ 图 5-53 大坪村瑶族男性盛装

< c >

< a >

◇ 图 5-54 大坪村瑶族刺绣包　　< b >

◆瑶族服饰纹样

瑶族服饰纹样反映了历史上瑶族的生活环境和民俗。有的纹样出现在不同地域的同一瑶族支系服饰上，不管迁徙到何处，瑶族人都能通过服饰纹样来溯源并印证彼此的同一血脉渊源。

关于纹样的含义，有着不同的解释，但总体来说，太阳纹体现瑶族对太阳的崇拜，而“万”字纹和“十”字纹在瑶族织绣中也是太阳图形的变异符号；鸟纹则体现瑶族曾经的鸟崇拜；人形纹符号作为护符或替身，相传可帮助人抵挡灾难；多个相连的人形纹，象征生命的无穷、万物昌盛，也有人认为象征瑶族迁徙的历史；盘王纹是瑶族民间信仰的抽象表达，他们认为，龙犬纹象征瑶族的盘瓠始祖崇拜；大树被视为生命的象征；各类动植物形态的纹样，如小鸟、大树、八角花、禾苗等，反映了瑶族人原始狩猎与农耕结合的生活方式；蛇是南方各族敬畏和崇拜之物，瑶族服饰纹样中的折线纹、菱形纹就是几何化的蛇纹。

项目组采集到了部分瑶族服饰纹样（图5-55至5-61）的影像资料。

◈ 图 5-55 瑶族女性盛装上的鸟纹和盘王纹（左一图）

◈ 图 5-56 瑶族女性盛装上的人形纹、大树纹和万字纹（左二图）

◈ 图 5-57 瑶族女性盛装上的菱形纹（右一图）

◈ 图 5-58 鹿寨县瑶族女性盛装上的太阳纹（右二图）

◈ 图 5-59 瑶族女性盛装上的相连人形纹（上图）

◈ 图 5-60 鹿寨县瑶族男性盛装上的鸟纹（中图）

◈ 图 5-61 三江瑶族女性鞋子上的龙纹（下图）

第六章

仫佬族服饰

服色尚青，男衣短狭，
老者衣细褐，女则短袄长裙。
——〔嘉庆〕《广西通志》

柳州的仫佬族主要分布在柳城县古砦仫佬族乡和柳州市柳江区。

仫佬族服饰简约朴素，色彩古朴沉稳，仫佬族崇尚青黑色，尤其是黑色，认为黑色是大地的颜色。中华人民共和国成立之前，仫佬族群众多穿自纺、自织、自染的土布服装，部分服装上以手工刺绣装饰。仫佬族还崇拜太阳、月亮、凤凰，服饰花纹多采用梧桐花纹、凤凰纹等，女性的衣袖和裤脚花边多绣凤尾图案。仫佬族刺绣技艺历史悠久，主要运用于袖口裤脚、腰带围裙、手帕背带、帽子鞋面和定亲包、接亲包等。仫佬族刺绣分为平绣、剪纸绣、马尾绣三种形式，其中以马尾绣最具特点，马尾绣是仫佬族妇女的拿手绝活，也是仫佬族刺绣中难度最大、艺术价值最高的绣制形式。

柳城县古砦仫佬族乡西邻罗城仫佬族自治县，是柳州市仫佬族的主要聚居地。古砦仫佬族乡一带的仫佬族，其先民基本都为清代中末期从现广西河池罗城仫佬族自治县东门镇的地卖村、都宿屯、德音村等村屯迁来，至今已有两三百多年。约在百年前，仫佬族先民迁入古砦一带定居后，其服饰受当地汉族服饰的影响较大，首服发生了变化。进入21世纪后，古砦一带的仫佬族基本都已换着现代服装，原传统服饰处于濒临消失状态，仅在较为偏远的村寨有极少数60岁以上的老人尚保留有数件传统常服，而传统盛装已经无人保留。

项目组选取了柳城县古砦仫佬族乡上富村伍龙屯、古砦仫佬族乡文化站、罗城仫佬族博物馆作为这一区域仫佬族服饰的影像采集点。

◆ 柳城县古砦仫佬族乡仫佬族服饰

柳城县古砦仫佬族乡一带的仫佬族女性上衣的裁剪属于平面裁剪结构，与中国传统服饰的“十字结构”一脉相承。

古砦一带仫佬族女性首服穿戴起来较为特别，具有明显的特点（图 6-1）。通过比对罗城仫佬族博物馆馆藏的仫佬族古衣冠和毗邻的罗城仫佬族自治县小长安镇一带的汉族传统装扮，可知古砦仫佬族女性首服应受当地汉族服饰影响。

古砦一带仫佬族男性上衣是立领、长袖式样，门襟为对襟结构，对襟领口至腰线处有 7 粒一字盘扣（图 6-2），这与当地汉族服装形制基本一样。

◈ 图 6-1 上富村仫佬族女性常服

◇ 图 6-2 上富村仫佬族男性常服

◆仫佬族博物馆藏仫佬族服饰

罗城仫佬族博物馆收藏有历史上不同时期的仫佬族传统服饰，通过对这些保存下来的首服（图 6-3）、鞋袜（图 6-4）、主体服饰（图 6-5 至图 6-6）、背带（图 6-7 至图 6-8）等进行研究，可以了解仫佬族服饰的样式、特点及变迁情况。

◇ 图 6-3 仫佬族传统首服

< a >

< b >

< c >

< d >

< e >

<f>

<g>

< a >

< b >

< c >

< d >

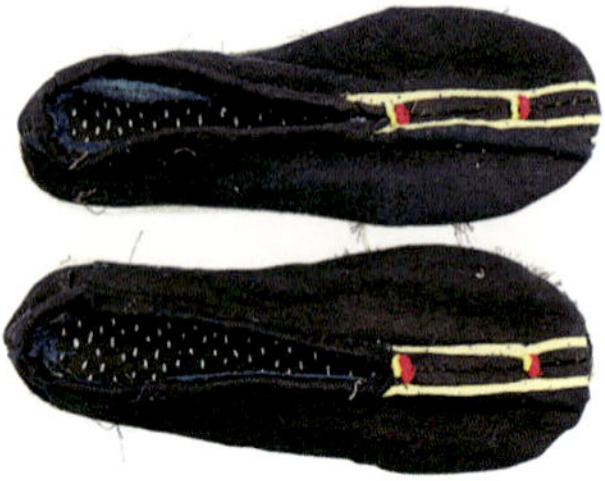
< e >

< f >

◇ 图 6-4 仫佬族传统鞋袜

< g >

< h >

< i >

< j >

◇ 图 6-5 仫佬族传统服饰（一） <a>

< b >

< c >

< d >

< e >

<a>

<b>

◈ 图 6-6 仫佬族传统服饰（二）

< c >

< d >

<e>

<f>

< g >

< h >

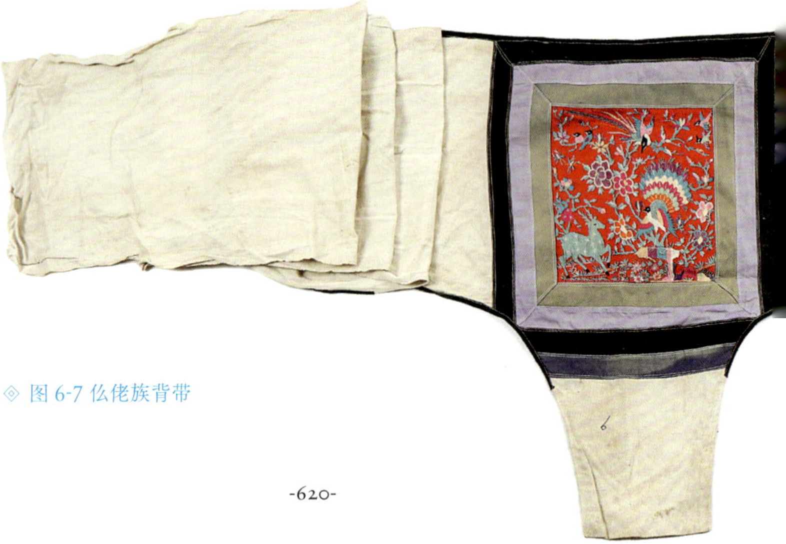

◇ 图 6-7 仫佬族背带

< a >

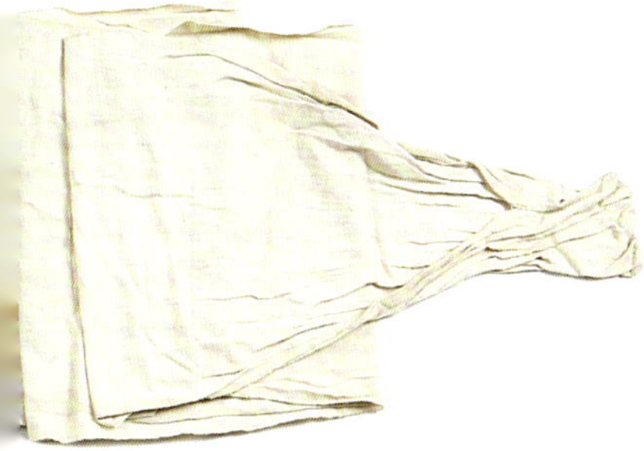

< b >

< c >

< d >

< a >

◈ 图 6-8 仫佬族背带刺绣

< b >

新设计的仫佬族盛装注重刺绣，特别是大量运用马尾绣（图 6-9 至图 6-10）。

◇ 图 6-9 仫佬族男性盛装

◈ 图 6-10 仫佬族女性盛装 <a>

< b >

第七章

水族服饰

水家苗，在荔波县。
自雍正十年，由粤西拨辖黔之都匀府。
男子渔猎，妇人纺织，故有水家布名之。
穿桶裙短衣，四周俱以花布缀之。
——《百苗图》

柳州水族主要分布在融水苗族自治县的同练瑶族乡、滚贝侗族乡。

水族服饰简朴端庄，线条明快，色彩素雅。传统水族服饰尚青尚蓝，以蓝、青、绿、紫、黑、白等色为主色调，忌使用大面积的大红大黄。水族中青年妇女服饰比较能代表水族的服饰特色。水族服饰的主要特点是上衣均为右衽大襟衣衫，下身均为长裤。由于地域差异，各地的水族服饰也各具特色。柳州水族多在两三百年前由现贵州省三都水族自治县九阡地区迁来，所着的水族服饰由九阡一带水族服饰演化而来。

◆融水苗族自治县同练瑶族乡水族服饰

融水苗族自治县同练瑶族乡的水族主要聚居在英洞村的牡丹屯、平项屯和罗洞屯，其先民从现贵州省三都水族自治县九阡镇水梅村（原属荔波县，1957 年后划归新成立的三都水族自治县）迁来，定居在此地已历十代。

英洞村水族原先是用自织自染的土布制作服装，20 世纪 80 年代以后，多用市场买来的工业布料制作服装，再采取手工刺绣绲边装饰。水族刺绣主要运用在背带和尖钩绣鞋上。女服制式为上衣下裤式，为晚清民国以来的传统样式。服饰颜色以蓝、青、黑为主，年轻姑娘主要着浅蓝色上衣，中年妇女主要着青色上衣，老年妇女主要着黑色上衣。

英洞村水族传统服饰目前处于濒临消失状态，该村水族已不再自行制作传统服装，仅有少数水族人家保存有水族传统服装。

项目组选取融水苗族自治县同练瑶族乡英洞村牡丹屯、平项屯作为这一区域水族服饰的影像采集点。

英洞村水族年轻女性服饰（图 7-1）上衣为无领右衽衫衣，以浅蓝色为主，颜色明快素雅，并以鱼头绣纹样装饰于衽襟和袖口处。

英洞村水族中青年女性通常佩带净素青布围腰，头包方格花巾。日常穿着黑色元宝盖布鞋，在隆重场合则穿红色元宝盖布鞋和戴银项圈（图 7-2）。

水族认为，他们的祖先来自海边，因而他们对鱼有着特殊感情，并对水中“神物”龙具有敬畏之情，因此在他们的服饰上常有鱼、龙等图案。

英洞村水族老年妇女一般头包紫黑色头巾，佩带净素紫黑色的围腰，穿黑色布鞋（图 7-3）。

◈ 图 7-1 英洞村水族年轻女性常服

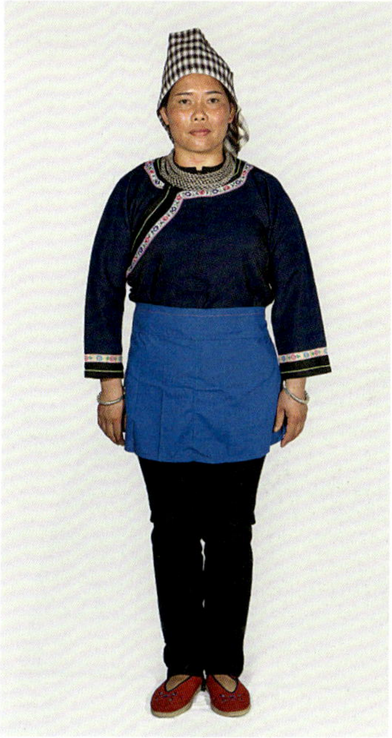

< b >

< c >

◈ 图 7-2 英洞村水族中青年女性常服

< a >

水族女性的布鞋鞋面上通常会绣花，其中最具特色的就是尖钩绣鞋（图 7-4），水族民众称之为“者勾”或“者结”，这也是最能反映水族刺绣技艺的珍品。这种鞋子鞋头尖并向上内勾，制作时在鞋帮上先用彩色丝线绣出图案轮廓，再用水族绣针法填充各种颜色的花草鸟兽图案，常用几何纹样织带绲边，具有浮雕效果，格外精美。由于尖钩绣鞋制作工艺复杂，多在走亲戚以及隆重场合才穿着。

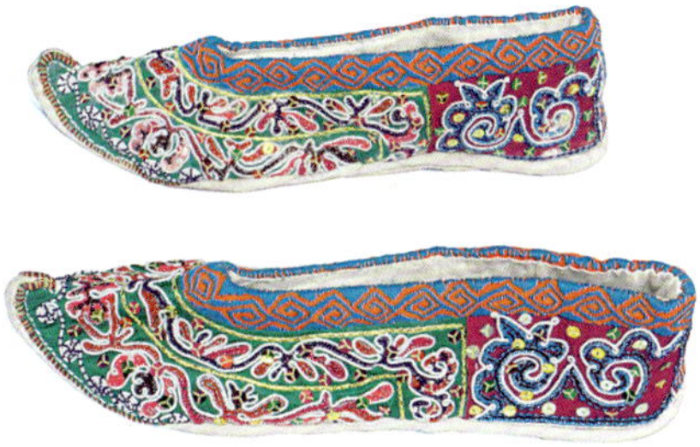

◇ 图 7-3 英洞村水族老年女性常服（左图）
◇ 图 7-4 英洞村水族女性尖钩绣鞋（上图）

现存的英洞村水族男性常服上衣（图 7-5），与周边的壮族、汉族、苗族、侗族等民族的男性服饰基本一样。

英洞村水族背带在形制上受壮族服饰文化影响，呈现为水族背带与壮族背带的融合形制（图 7-6）。水族群众称背带为“歹结”，其背带上的图案刺绣讲究对称，内容以植物、动物为主，其中以双凤抢宝、蝴蝶、葫芦、石榴以及花草最常见。水族背带的核心图案均为蝴蝶，这与水族的一种民间传说有关系。传说很久很久以前，天上有九个太阳，水族妇女背着小孩在田间地头劳动，小孩常因炎热而中暑生病，后来天上飞来一只大蝴蝶，把强烈的阳光遮挡住，天气变得阴凉，水族孩童再无生病之忧。于是水族妇女把蝴蝶遮蔽太阳等图案绣到背带上，寓意小孩能够得到蝴蝶护佑健康成长。

◈ 图 7-5 英洞村平项屯水族男性常服

◇ 图 7-6 英洞村平项屯水族背带

◆融水苗族自治县滚贝侗族乡水族服饰

融水苗族自治县滚贝侗族乡的水族主要聚居于同心村朱砂屯。清代嘉庆年间，朱砂屯水族先民从现贵州省三都水族自治县九阡镇九阡村迁来此定居,已历八九代。目前，该村的水族传统服饰保存不多，仅存几件。

图 7-7 所示的朱砂屯水族女性右衽大襟衣为紫红亮布制作，简洁朴素，采取平面直线剪裁的方式，袖肩连裁，前后破缝，采用明线缝合，为典型的“十”字型、整一性、平面化服装结构。

◈ 图 7-7 同心村朱砂屯水族女性常服

第八章

京族服饰

男子戴大白草帽，形如覆镬，长领大衣，手持蕉扇，曳履而行。贫者则短衣赤足，勤于耕作。妇女以帕蒙首，长衣长裾，纳履露踵，相见以槟榔为礼，善纺绩、烹饪之事。

——《皇清职贡图》

京族女性服饰的主要特点为造型线条平直，强调表现人体线条，上装胸、袖较紧，有前后两襟，但衣裤自腰以下开高衩,配上同花色或白色布料的宽腿拖地长裤，衣服裁剪合身适体。

海洋与京族人民的生产生活息息相关，京族在传统服饰的材质、款式上的选择都与自身所处的热带海洋性气候相适应，形成了以简单凉快为主流的服饰文化。细薄的布料，既方便下海作业和海滨生活，又具有通风透气的特点，被浸湿后容易风干。

项目组在柳城县伏虎华侨农场采集到了部分京族服饰样式（图 8-1 至图 8-2）。

◇ 图 8-1 柳城县伏虎华侨农场京族服饰（一） <a>

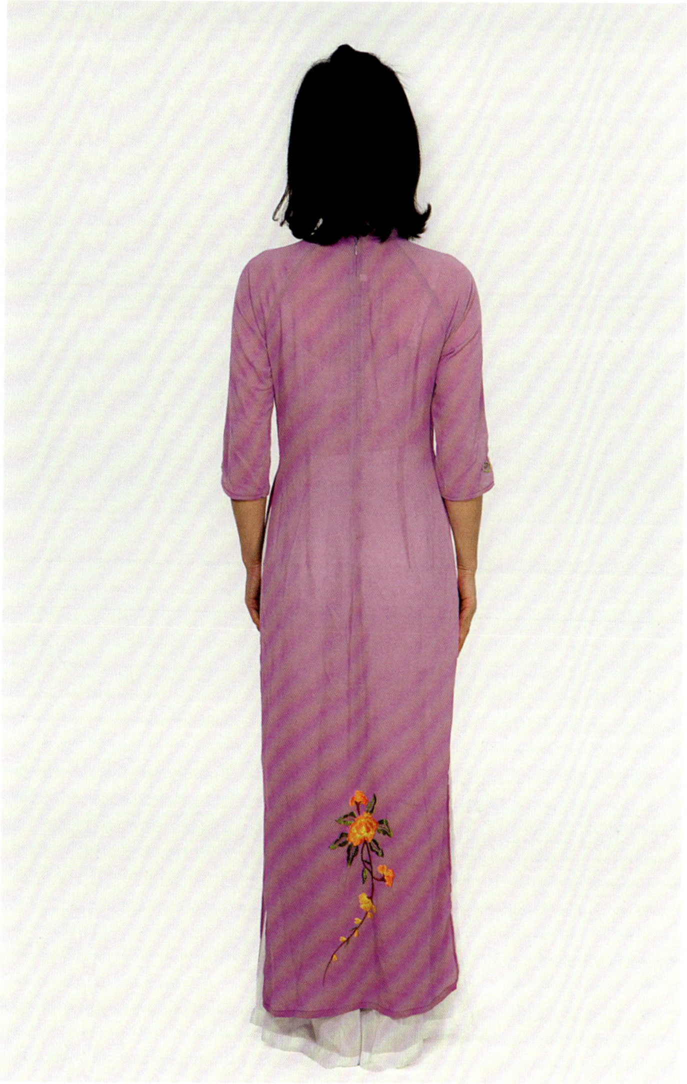

< b >

< c >

< d >

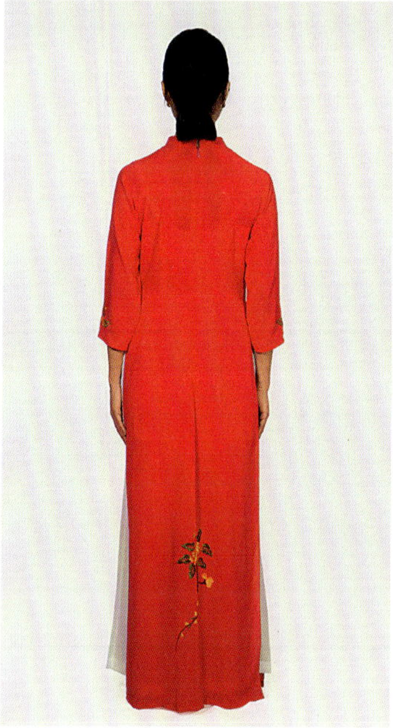

< b >

< c >

◈ 图 8-2 柳城县伏虎华侨农场京族服饰（二）

< a >

参考文献

◆ 著作

[1] 沈从文 . 中国古代服饰研究 [M] . 北京 : 商务印书馆，2017.

[2] 沈从文，王矜 . 中国服饰史 [M] . 西安 : 陕西师范大学出版社，2004.

[3] 上海市戏曲学校中国服装史研究组 . 中国历代服饰 [M] . 上海 : 学林出版社，1984.

[4] 周锡保 . 中国古代服饰史 [M] . 北京 : 中国戏剧出版社，1984.

[5] 孙晨阳，张珂 . 中国古代服饰辞典 [M] . 北京 : 中华书局，2015.

[6] 袁仄 . 中国服装史 [M] . 北京 : 中国纺织出版社，2005.

[7] 赵刚，张技术，徐思民 . 中国服装史 [M] . 北京 : 清华大学出版社，2013.

[8] 黄能馥，陈娟娟 . 中国服饰史 [M] . 上海 : 上海人民出版社，2004.

[9] 张竞琼，李敏 . 中国服装史 [M] . 上海 : 东华大学出版社，2018.

[10] 华梅 . 中国服装史 2018 版 [M] . 北京 : 中国纺织出版社，2018.

[11] 贾玺增 . 中国服装史 [M] . 上海 : 东华大学出版社，2020.

[12] 刘瑞璞，陈静洁 . 中华民族服饰结构图考 : 汉族编 [M] . 北京 : 中国纺织出版社，2013.

[13] 刘瑞璞，何鑫 . 中华民族服饰结构图考 : 少数民族编 [M] . 北京 : 中国纺织出版社，2013.

[14] 孙机 . 华夏衣冠 : 中国古代服饰文化 [M] . 上海 : 上海古籍出版社，2016.

[15] 王钟翰 . 中国民族史 [M] . 北京 : 中国社会科学出版社，1994.

[16] 刘祥学 . 广西简史 [M] . 桂林 : 漓江出版社，2018.

[17] 傅恒 . 皇清职贡图 [M] . 沈阳 : 辽沈书社，1991.

[18]《融水苗族自治县概况》编写组，《融水苗族自治县概况》修订本编写组 . 融水苗族自治县概况 [M] . 北京 : 民族出版社，2009.

[19] 李楚，吴永春 . 广西民族区域自治集成 : 三江侗族自治县卷 [M] . 南宁 : 广西民族出版社，2013.

[20] 覃乃昌 . 广西世居民族 [M] . 南宁 : 广西民族出版社，2004.

[21] 玉时阶. 濒临消失的广西少数民族服饰文化[M]. 北京：民族出版社，2011.
[22] 玉时阶，玉璐. 广西世居民族服饰文化[M]. 南宁：广西民族出版社，2018.
[23] 吴桂贞. 三江民族文化小词典[M]. 南宁：广西民族出版社，2007.
[24] 崔荣荣，牛犁. 明代以来汉族民间服饰变革与社会变迁：1936 年—1949 年[M]. 武汉：武汉理工大学出版社，2016.
[25] 梁惠娥，崔荣荣，贾蕾蕾. 汉族民间服饰文化[M]. 北京：中国纺织出版社，2018.
[26] 山内智惠美.20 世纪汉族服饰文化研究[M]. 西安：西北大学出版社，2001.
[27] 吴建勤. 西南地区汉族传统服饰变迁研究[M]. 武汉：华中科技大学出版社，2018.
[28] 柳州客家商会，柳州客家联谊会，柳州市档案馆. 柳州客家[M]. 桂林：广西师范大学出版社，2011.
[29] 覃彩銮. 壮族简史[M]. 桂林：漓江出版社，2018.
[30] 李元君. 美丽的锦绣：壮族服饰[M]. 南宁：接力出版社，2012.
[31] 陈丽琴. 壮族服饰文化研究[M]. 北京：民族出版社，2009.
[32] 刘敬柳. 壮族服饰：壮汉双语[M]. 南宁：广西科学技术出版社，2018.
[33] 石莉芸，李云兵. 苗族[M]. 北京：中国水利水电出版社，2004.
[34] 朱慧珍，贺明辉. 广西苗族[M]. 南宁：广西民族出版社，2003.
[35] 戴民强. 融水苗族[M]. 南宁：广西民族出版社，2009.
[36] 龚世扬，蒙秋月. 元宝山西麓的苗族三村：广西融水安太苗族生态博物馆社区调查研究[M]. 南宁：广西民族出版社，2016.
[37] 尹红. 广西融水苗族服饰的文化生态研究[M]. 杭州：中国美术学院出版社，2012.
[38] 戴民强. 融水苗学研究文集选编[M]. 南宁：广西民族出版社，2016.
[39] 周梦. 黔东南苗族侗族女性服饰文化比较研究[M]. 北京：中国社会科

学出版社，2011.
[40] 周梦.贵州苗族侗族女性传统服饰传承研究[M].北京：中国社会科学出版社，2017.
[41]《侗族简史》编写组,《侗族简史》修订本编写组.侗族简史[M].北京：民族出版社，2008.
[42] 培更.侗族服饰[M].南宁：广西人民出版社，2014.
[43] 同乐苗族乡志编纂委员会.同乐苗族乡志[M].北京：中央民族学院出版社，1993.
[44] 杨源，何星亮.民族服饰与文化遗产研究：中国民族学学会2004年年会论文集[M].昆明：云南大学出版社，2005.
[45] 广西壮族自治区编辑组,《中国少数民族社会历史调查资料丛刊》修订编辑委员会.广西瑶族社会历史调查(四)[M].北京：民族出版社，2009.
[46] 杨成志等.瑶族调查报告文集[M].北京：民族出版社，2007.
[47] 李庆福.瑶族审美文化[M].北京：中国社会科学出版社，2013.
[48] 李元君.山地的彩虹：瑶族服饰[M].南宁：接力出版社，2019.
[49] 玉时阶.瑶族服饰[M].北京：北京科学技术出版社，2012.
[50] 广西壮族自治区民族事务委员会.瑶族服饰[M].北京：民族出版社，1985.
[51] 容婷.瑶族服饰制作工艺研究[M].北京：民族出版社，2020.
[52]《仫佬族简史》编写组.仫佬族简史[M].南宁：广西民族出版社，1983.
[53] 过伟.仫佬族民俗风情[M].南宁：广西民族出版社，2012.
[54]《水族简史》编写组,《水族简史》修订本编写组.水族简史[M].北京：民族出版社，2008.
[55] 韦学纯.走近中国少数民族丛书：水族[M].沈阳：辽宁民族出版，2014.
[56] 河池文化书系编委会.服章河池[M].南宁：广西人民出版社，2015.

◆ 论文

[1] 庄寒 . 中国少数民族服装形制结构特征研究 [D] . 浙江理工大学，2020.

[2] 马晨曲，卞向阳 .“自我”与“他者”二元视角下的水族民族服饰活态传承 [J] . 装饰，2020 (2): 108-111.

[3] 匡迁 . 仫佬族服饰特征解析 [J] . 纺织科技进展，2019 (8): 51-54.

[4] 张云婕 . 侗族传统服装艺术研究 [D] . 湖南师范大学，2019.

[5] 唐媛媛 . 三都县水族女性服饰文化变迁研究 [D] . 四川美术学院，2019.

[6] 田淇 . 黔东南侗族服饰色彩研究 [D] . 贵州师范大学，2019.

[7] 胡剑斌 . 无文字民族的历史文化传承研究：以苗族及其银饰为例 [J] . 遵义师范学院学报，2018，20 (4): 25-28.

[8] 彭荟 . 中国“十字型”服饰起源探究在当代的研究运用 [D] . 湖北美术学院，2018.

[9] 卞向阳，马晨曲 . 论水族妇女服饰由裙装至裤装的变化与动因 [J] . 南京艺术学院学报 (美术与设计)，2018 (2): 155-157.

[10] 容婷 . 广西瑶族服饰研究 [D] . 东华大学，2017.

[11] 陈晓玲 . 桂北壮族服饰文化的地域适应性探析 [J] . 人文天下，2016 (22): 123-124.

[12] 廖方容 . 壮族服饰研究的回顾与展望 [J] . 南宁职业技术学院学报，2016，21 (3): 17-21.

[13] 蒙晓情 . 文化涵化背景下南北侗文化差异研究 [D] . 贵州财经大学，2016.

[14] 白爱萍 . 京族传统服饰文化及传承与保护 [J] . 贺州学院学报，2016，32 (1): 104-107.

[15] 毛袤 . 京族服饰文化简介 [J] . 大众文艺，2015 (24): 129.

[16] 陈丽琴，林信炜 . 论京族服饰与生态环境 [J] . 钦州学院学报，2015，30 (12): 1-6.

[17] 郑泓灏 . 苗族银饰的历史源流及审美文化解析 [J] . 四川戏剧，2015 (4): 58-61.

[18] 曹万平 . 侗族服装类型与文化特征 [J] . 设计艺术（山东工艺美术学院学报），2015（2）: 70-78.
[19] 梁汉昌 . 壮族传统服饰文化特质及保护传承 [J] . 歌海，2012（6）: 77-84，88.
[20] 黄达武 . 古代壮族服饰趋同外族浅谈 [J] . 广西民族研究，1988（1）: 66-69.
[21] 王梨 . 贵州侗族服饰文化变迁研究 [D] . 贵州民族大学，2012.
[22] 杨东升 . 苗族服饰与中原服饰的关系问题：对苗族服饰来源“中原说”的辩驳 [J] . 吉首大学学报（社会科学版），2011（4）: 51-54，81.
[23] 周梦 . 广西三江侗族女性服饰文化与服饰传承研究 [J] . 广西社会科学，2011（5）: 30-33.
[24] 伊涛 . 清末民初广西瑶族服饰文化变迁 [D] . 广西民族大学，2011.
[25] 杜晶 . 历史地理环境与壮族服饰关系浅析 [J] . 广西地方志，2010（3）: 56-60.
[26] 陈丽琴 . 论壮族服饰与生态环境 [J] . 社会科学家，2010（3）: 23-26.
[27] 何歆 . 黎平侗族服饰研究 [D] . 东华大学，2010.
[28] 吴鹏毅 . 族群文化融合生境与和谐态势：以广西三江县境多元文化生态和谐模式为例 [J] . 河池学院学报，2008，28（4）: 69-75.
[29] 黄慧中 . 论水族服饰艺术的嬗变 [J] . 贵州民族研究，2006（1）: 57-61.
[30] 傅安辉 . 侗族服饰的历史流变 [J] . 黔东南民族师范高等专科学校学报，2003，21（2）: 44-46.
[31] 谢彬如 . 水族服饰 [J] . 艺文论丛，1996（4）: 60-72.
[32] 玉时阶 . 古代壮族的服饰制作 [J] . 中南民族学院学报（哲学社会科学版），1995（3）: 68-71.

后记

20 世纪 90 年代以来，全球化给世界带来了前所未有的深刻变化，受现代浪潮的影响，柳州传统服饰千百年来形成的文化传承，面临着断裂的危机。

传统服饰所承载的式样、纹案、工艺、配饰、穿着方式等，是民族情感、民族文化和民族认同的凝聚，是各民族交往交流交融的实物例证。服饰的发展变化史，也是各民族共同构筑中华民族共有精神家园的历史。柳州传统服饰传承发展的过程，正是柳州各民族文化兼容并蓄、互融互鉴的体现。因此，在铸牢中华民族共同体意识成为民族地区各项工作主线的今天，传承保护传统服饰文化，显得特别重要和迫切。

2019 年春天，柳州市民族宗教事务委员会和柳州市摄影家协会合作，启动柳州传统服饰影像采集项目，并确定分工，由专人负责影像采集及后续的分类研究、撰文工作。双方共同的目标，是记录下柳州传统服饰影像资料，进一步传承民族精神，弘扬中华优秀传统文化。同时，编委会也希望这本书不仅能成为相关研究者的资料手册，也能成为普通大众读起来兴致盎然的趣味读物。

随着服饰影像采集工作的深入，我们方知，对柳州传统服饰进行全面系统的梳理和研究是件前所未有之事。柳州各民族现阶段留存有多少款传统服饰，分布在哪些乡镇、哪个村寨、哪些人家里等，几乎无人说得清楚，在一些村寨还能不能找到传统服饰也存疑。对柳州各民族传统服饰进行线索调研、挖掘成了项目完成的关键。几百个村寨走下来，失望和惊喜的心情混杂成为常态。最终，项目组在各村寨现场采集到 260 多套（件）传统服饰影像及第一手相关资料，为本书编撰打下了内容基础。这些传统服饰的寻觅过程历经曲折，影像采集也因此耗时一年半时间才得以初步完成。这些困难，正凸显柳州传统服饰传承保护面临的危机。

在传统服饰寻访、影像采集以及本书编撰、校审过程中，提供过帮助的朋友不胜枚举。在李伊园、韦清花的帮助下，服饰分类寻找和影像采集进度得以加快；梁显飞、罗永干、吴桂贞、吴美莲、李奇菊的耐心细致，使本书避免了许多疏漏错误。在这里，对他们的支持、合作与付出表示由衷的感谢。

感谢郁良权提供的图 3-7 身穿百鸟衣的 3 位苗族小伙、图 4-41c 洞头村侗族女性盛装、图 5-8 龙岑村乌韶屯瑶族女性盛装、图 5-9 龙令村准备屯瑶族女性盛装、图 5-24 女童发型、图 5-26 成年女性发型与少女发型、图 5-27 讨花带活动上的瑶族女性等图片；龙涛提供的图 2-16d 同心村汉族中青年妇女服饰、图 3-15e 杆洞村苗族女性百鸟衣、图 3-16c 杆洞村苗族男性百鸟衣等图片；吴小舒提供的图 3-64 融水苗族扎染；杨明提供的图 4-31 梅林乡侗族女性盛装；杨会光提供的图 4-72 和里村侗族女性传统服饰、图4-73和里村侗族女性盛装、图4-102和里村侗族服饰制作过程；钟毓宁提供的图5-28林城村成年女性和少女的服装与发型；赖柳生提供的图5-29大新村红邓屯瑶族少女服装与发型；覃明龙提供的图6-3仫佬族传统首服、图6-4仫佬族传统鞋袜、图6-5仫佬族传统服饰（一）、图6-6仫佬族传统服饰（二）、图6-7仫佬族传统背带、图6-8仫佬族传统背带刺绣等图片。他们的支持为本书的影像资料提供了一定的补充。

编委会还要感谢广西教育出版社不遗余力地精心打造本书，将本书带给广大读者。编撰本书时编委会参考的书籍和论文数量众多，使编撰者或多或少受益，并直接或间接引用了相关论述，在此对各位学者谨铭谢意。

最后，由于时间、资金以及精力等方面的限制，编委会尚未能够完全采集到柳州所有种类的传统服饰，书中有疏误之处，在所难免，诚望得到专家及读者匡正。

本书编委会

2023年7月于柳州

图书在版编目（CIP）数据

柳州传统服饰图录 / 柳州市民族宗教事务委员会，柳州市摄影家协会编 . -- 南宁：广西教育出版社，2024.9（2024.10 重印）
（图阅广西）
ISBN 978-7-5435-9459-3

Ⅰ . ①柳… Ⅱ . ①柳… ②柳… Ⅲ . ①民族服饰—柳州—图录 Ⅳ . ① TS941.742.8-64

中国国家版本馆 CIP 数据核字 (2024) 第 073551 号

策划编辑：陈逸飞
项目统筹：韦胜辉
组稿编辑：陈逸飞　韦胜辉
责任编辑：陈逸飞　黄　明　熊奥奔
特约编辑：韦林池
美术编辑：杨　阳　李浩丽
责任校对：陆婿澄　何　云
责任技编：蒋　媛
书籍设计：潘焰荣　潘湘荣

柳州传统服饰图录
LIUZHOU CHUANTONG FUSHI TULU

出 版 人：石立民
出版发行：广西教育出版社
地　　址：广西南宁市鲤湾路 8 号　　邮政编码：530022
电　　话：0771-5865797
本社网址：http://www.gxeph.com
电子信箱：gxeph@vip.163.com
印　　刷：广西昭泰子隆彩印有限责任公司
开　　本：787mm×1092mm 1/32
印　　张：22.375
字　　数：279.9 千字
版　　次：2024 年 9 月第 1 版
印　　次：2024 年 10 月第 2 次印刷
书　　号：ISBN 978-7-5435-9459-3
定　　价：138.00 元